U0711014

运 筹 学

主　编　朴丽莎　卢　冲
副主编　郑英丽　陈　黎　陈平星

北京理工大学出版社
BEIJING INSTITUTE OF TECHNOLOGY PRESS

内 容 简 介

本书根据高等院校运筹学课程的教学基本要求，以及编者丰富的教学经验编写而成。全书包含七个主要章节。第 1 章为线性规划与单纯形法，详细介绍了线性规划问题的数学模型、解法，以及单纯形法，并通过实际应用案例使理论更具体。第 2 章深入讨论线性规划的对偶理论，包括对偶问题、对偶理论、对偶单纯形法以及灵敏度分析，为读者提供全面的视角。第 3 章专注于运输问题，包括数学模型、表上作业法、产销不平衡的运输问题，并通过应用案例展示理论在实践中的应用。第 4 章介绍动态规划，包括多阶段决策问题、动态规划的基本概念和最优性原理、求解方法及应用，强调理论与实际问题的紧密联系。第 5 章探讨存储论，包括存储问题的提出、存储模型的基本概念、确定性存储模型和随机性存储模型，使读者深入理解存储管理的数学原理。第 6 章深入探讨排队论，包括排队论概述、到达间隔分布和服务时间分布，以及单服务台和多服务台排队系统，提供全面的排队理论知识。第 7 章聚焦决策论，介绍决策论的基本概念、不确定型决策、风险型决策和效用决策，强调决策过程中的数学思维。

本书编写特色在于结构清晰，逐步深入，同时融入大量实际应用案例，有助于读者更好地理解理论知识在实际问题中的应用。通过系统学习本书，读者将建立起对运筹学核心概念和方法的深刻理解，为解决实际问题提供强有力的数学工具。本书主要适用于运筹学、管理科学、工业工程等相关专业的本科生和研究生，以及对运筹学领域有浓厚兴趣的从业者。

版权专有　侵权必究

图书在版编目（CIP）数据

运筹学 / 朴丽莎，卢冲主编. --北京：北京理工
大学出版社，2024.2
　ISBN 978-7-5763-3550-7

Ⅰ. ①运… Ⅱ. ①朴… ②卢… Ⅲ. ①运筹学-高等
学校-教材　Ⅳ. ①O22

中国国家版本馆 CIP 数据核字（2024）第 045351 号

责任编辑：王梦春　　文案编辑：杜　枝
责任校对：刘亚男　　责任印制：李志强

出版发行 / 北京理工大学出版社有限责任公司
社　　址 / 北京市丰台区四合庄路 6 号
邮　　编 / 100070
电　　话 /（010）68914026（教材售后服务热线）
　　　　　　（010）68944437（课件资源服务热线）
网　　址 / http://www.bitpress.com.cn

版 印 次 / 2024 年 2 月第 1 版第 1 次印刷
印　　刷 / 唐山富达印务有限公司
开　　本 / 787 mm×1092 mm　1/16
印　　张 / 11.25
字　　数 / 262 千字
定　　价 / 79.00 元

图书出现印装质量问题，请拨打售后服务热线，负责调换

前　言

  运筹学作为数学与管理科学的重要分支，旨在通过数学模型和优化方法解决实际问题。在当今信息时代，运筹学在工业、物流、金融等领域的应用日益广泛，因此理解和掌握运筹学原理对于培养具备解决实际问题能力的专业人才至关重要。在这一背景下，本书应运而生，旨在为学生和从业者提供系统而深入的学习资料。

  本书的编写背景源于对现有运筹学教材的反思，旨在弥补部分现有教材在结构、深度和实际应用方面的不足。编写团队由运筹学领域的专业人士、教育者和从业者组成，致力于打造一本既深入剖析理论，又贴近实际的教材。

  本书的编写特色在于清晰的结构、逐步深入的学习路径以及丰富的实际案例。每一章都以理论概念为基础，通过实际问题的解析展示运筹学方法的应用。我们关注培养学生的问题解决思维，强调理论与实践的结合，使学习运筹学不再仅仅是学习理论知识，而是在了解知识发展渊源的基础上，掌握基本概念和基本理论，能利用运筹学基本理论知识建立数学模型，并将其简单应用到生活、经济、工程等实际问题中，培养系统思维、逻辑思维，以及教学建模与实际应用能力。

  全书分为七章，涵盖线性规划与单纯形法、线性规划的对偶理论、运输问题、动态规划、存储论、排队论和决策论。每一章都精心设计，确保深入解释每一个概念和方法，并通过丰富的实际案例巩固学习效果，使读者系统学习运筹学，获得对核心概念和方法的深刻理解。

  在本书的编写过程中，感谢运筹学领域的前辈和同仁的支持与启发。同时，也感谢出版社的编辑团队在组稿、校对和排版等方面所做的辛勤工作。最后，由衷感谢所有参与本书编写的专业人士和从业者，他们的经验和见解为保证本书的质量提供了宝贵的支持。

  希望本书能够成为学生、教育者和从业者学习与应用运筹学的重要工具。通过系统学习本书，读者将获得对运筹学领域的深刻理解，为解决实际问题提供坚实的数学基础。

  祝愿本书的读者能够在运筹学的世界中发现乐趣，并在实际工作中运用所学知识取得卓越成就。

编写团队　敬上

目　录

第1章 线性规划与单纯形法

线性规划（Linear Programming，LP）作为运筹学的一个重要分支，于20世纪30年代由苏联数学家康托洛维奇在解决生产组织中的若干问题时提出。40年代至50年代美国独立发展了线性规划，丹齐格（G. B. Dantzig）在1947年提出了求解线性规划的单纯形法。接着又出现了"修正的单纯形法""对偶理论"等，随着理论的日渐成熟和求解方法的层出不穷，线性规划得到迅速发展并被广泛应用。我国在1958年开始研究并应用线性规划，对其中的运输问题做出了重大贡献。尽管线性规划求解方法很多，但单纯形法体系最完整，求解程序化，适合计算机求解，因而是最重要的方法。

本章介绍线性规划最基本的概念、原理和方法。其中，重要概念有线性规划问题和基，包括基概念本身以及基相关的一组概念，对于求解线性规划具有重要意义；求解过程包括建立线性规划模型、求可行解、最优性检验和方案调整等；单纯形法是求解线性规划的最基本方法，是从一种可行方案出发，通过有限次改进（即迭代），达到最优解。

第1节 线性规划问题的数学模型

1.1 问题的提出

生产和经营管理中经常提出如何合理安排，使人力、物力等各种资源得到充分利用，获得最大的效益，这就是规划问题。

例1.1 有 A、B 两种产品，每千克分别可获利 7 元和 12 元，其他资料如表 1.1 所示。

表 1.1 两种产品相关资料

每千克消耗资源	A 产品	B 产品	资源限额
煤/吨	9	4	360
电力/千瓦时	4	5	200
劳动日/天	3	10	300

问 A、B 各生产多少，可在资源限额内获得最大利润？

解 设 A、B 产量分别为 x_1，x_2，于是利润总额 $z = 7x_1 + 12x_2$ 要求达到最大用煤限制：$9x_1 + 4x_2 \leqslant 360$；

用电限制：$4x_1 + 5x_2 \leqslant 200$；

劳动日限制：$3x_1 + 10x_2 \leqslant 300$；

显然 x_1，$x_2 \geqslant 0$。

写成规定格式

$$\max z = 7x_1 + 12x_2$$

$$\text{s. t.} \begin{cases} 9x_1 + 4x_2 \leqslant 360 \\ 4x_1 + 5x_2 \leqslant 200 \\ 3x_1 + 10x_2 \leqslant 300 \\ x_1, x_2 \geqslant 0 \end{cases}$$

其中，约束条件 s. t. 是"Subject To"的缩写，目标函数写作 Opt，max 表示要求 Opt 最大，min 表示要求 Opt 最小。

例 1.2 靠近某河有甲、乙两个工厂（见图 1.1），流经甲厂的流水量为每天 500 万立方米，两厂间有条流量为 200 万立方米的支流流入；甲厂每天产生 2 万立方米污水，乙厂每天产生 1.4 万立方米污水，两厂间河流中的污水有 20% 能自然净化，按环保要求，河流中工业污水含量应不大于 0.2%。若两厂各自处理一部分污水，甲厂处理费为 1 000 元/万立方米，乙厂为 800 元/万立方米。问，在环保要求下，两厂分别处理多少污水，使总费用最小？

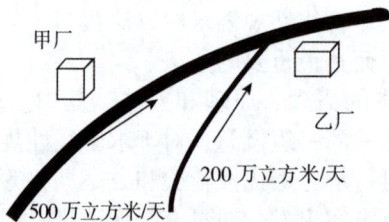

图 1.1 例 1.2 图

解 设甲厂每天处理污水 x_1 万立方米，乙厂每天处理污水 x_2 万立方米，从甲厂到乙厂间，河流中污水含量不大于 0.2%，即

$$\frac{2 - x_1}{500} \leqslant 0.2\%$$

由此得出 $x_1 \geqslant 1$。

流经乙厂后，仍符合环保标准，即

$$\frac{0.8(2 - x_1) + (1.4 - x_2)}{500 + 200} \leqslant 0.2\%$$

由此得出 $0.8x_1 + x_2 \geqslant 1.6$。

另外，两厂每天处理污水量不会超过自己的污水排放量，即 $x_1 \leqslant 2$，$x_2 \leqslant 1.4$。

综上所述，总费用最小为

$$\min z = 1\,000x_1 + 800x_2$$

$$\text{s. t.} \begin{cases} x_1 \geqslant 1 \\ 0.8x_1 + x_2 \geqslant 1.6 \\ x_1 \leqslant 2 \\ x_2 \leqslant 1.4 \\ x_1, x_2 \geqslant 0 \end{cases}$$

虽然 $x_1 \geqslant 1$ 已经确定了 $x_1 \geqslant 0$，但作为一般式，非负约束条件仍予以保留。

1.2　线性规划问题的数学模型

人们在现实世界中关心、研究的实际对象通常称为原型。模型则是指为了某个特定目的而将原型的某部分信息压缩、提炼而构造出的原型的替代物。数学模型是现实世界的一个特定对象，为达到一定的目的，根据内在规律做出必要的简化假设，并运用适当数学工具得到的一个数学结构。规划问题的数学模型包括三个组成要素。

(1)决策变量：指决策者为实现目标采取的方案、措施，是问题中要确定的未知量。

(2)目标函数：指问题要达到的目的要求，是决策变量的函数。

(3)约束条件：指决策变量取值时受到的各种可用资源的限制，是含有决策变量的等式或不等式。

如果在规划问题的数学模型中，决策变量为可控的连续变量，目标函数和约束条件都是线性的，则称为线性规划问题的数学模型。

一般线性规划问题的数学模型可以表示为以下几种形式：

$$\max(\text{或 } \min)z = c_1x_1 + c_2x_2 + \cdots + c_nx_n$$

$$\text{s. t.} \begin{cases} a_{11}x_1 + a_{12}x_2 + \cdots + a_{1n}x_n \leqslant (\text{或} =, \ \geqslant)b_1 \\ a_{21}x_1 + a_{22}x_2 + \cdots + a_{2n}x_n \leqslant (\text{或} =, \ \geqslant)b_2 \\ \cdots \\ a_{m1}x_1 + a_{m2}x_2 + \cdots + a_{mn}x_n \leqslant (\text{或} =, \ \geqslant)b_m \\ x_1, \ x_2, \ \cdots, \ x_n \geqslant 0 \end{cases} \tag{1.1}$$

模型可以简写成

$$\max(\text{或 } \min)z = \sum_{j=1}^{n} c_j x_j$$

$$\text{s. t.} \begin{cases} \sum_{j=1}^{n} a_{ij}x_j \leqslant (\text{或} \geqslant, \ =)b_i \quad (i = 1, \ 2, \ \cdots, \ m) \\ x_j \geqslant 0 \quad (j = 1, \ 2, \ \cdots, \ n) \end{cases} \tag{1.2}$$

其中，x_j 称为决策变量；c_j，b_i，a_{ij} 为模型的参数，c_j 称为价值系数，b_i 是约束条件的右端项，表明第 i 种资源的拥有量，称为资源系数，a_{ij} 反映的是工艺水平，表明生产单位产品 j 时第 i 种资源的消耗量，称为技术系数。

用向量表达时，模型可以写成

$$\max(\text{或 } \min)z = \boldsymbol{CX}$$

$$\text{s. t.} \begin{cases} \sum_{j=1}^{n} \boldsymbol{p}_j x_j \leqslant (\text{或} \geqslant, \ =)b_i \\ \boldsymbol{X} \geqslant 0 \end{cases} \tag{1.3}$$

式中，$\boldsymbol{C} = (c_1, \ c_2, \ \cdots, \ c_n)$，$\boldsymbol{X} = (x_1, \ x_2, \ \cdots, \ x_n)^{\mathrm{T}}$，$\boldsymbol{p}_j = (a_{1j}, \ a_{2j}, \ \cdots, \ a_{mj})^{\mathrm{T}}$，$\boldsymbol{b} = (b_1, \ b_2, \ \cdots, \ b_m)^{\mathrm{T}}$。

用矩阵表达时，模型可以写成

$$\max(\text{或 } \min)z = \boldsymbol{CX}$$

$$\text{s. t.} \begin{cases} \boldsymbol{AX} \leqslant (\text{或} \geqslant, \ =)\boldsymbol{b} \\ \boldsymbol{X} \geqslant 0 \end{cases} \tag{1.4}$$

其中

$$A = \begin{bmatrix} a_{11} & a_{12} & \cdots & a_{1n} \\ a_{21} & a_{22} & \cdots & a_{2n} \\ \vdots & \vdots & \ddots & \vdots \\ a_{m1} & a_{m2} & \cdots & a_{mn} \end{bmatrix}$$

称为约束方程组变量的系数矩阵，或简称为约束变量的系数矩阵。

1.3　线性规划问题的标准形式

由于目标函数和约束条件内容和形式上的差别，线性规划问题表现形式多种多样，为了便于讨论，规定线性规划问题的标准形式如下：

$$\max z = \sum_{j=1}^{n} c_j x_j$$

$$\text{s. t.} \begin{cases} \sum_{j=1}^{n} a_{ij} x_j = b_i & (i = 1, 2, \cdots, m) \\ x_j \geq 0 & (j = 1, 2, \cdots, n) \end{cases} \tag{1.5}$$

或矩阵形式

$$\max z = CX$$

$$\text{s. t.} \begin{cases} AX = b \\ X \geq 0 \end{cases} \tag{1.6}$$

线性规划模型的标准形式（Standard form of Linear Programming，SLP），有以下四个特点：

（1）目标函数为 max 型（这一形式不是必需的，也可以规定为 min 型）。

（2）约束条件全为等式。

（3）约束条件右端常数项 $b_i \geq 0$。

（4）决策变量 $x_j \geq 0$。

对不符合标准形式的线性规划问题，可分别通过下列方法化为标准形式。

1. 目标函数为求极小值，即 $\min z = \sum_{j=1}^{n} c_j x_j$

因为求 $\min z$ 等价于求 $\max(-z)$，令 $z' = -z$，即化为 $\max z' = -\sum_{j=1}^{n} c_j x_j$。

2. 约束条件的右端项 $b_i < 0$

这时将等式或不等式两端同乘（−1），则等式右端项必大于 0。

3. 约束条件为不等式

当约束条件为"≤"时，如 $x_1 + x_2 \leq 5$，可在右边加上一个非负变量 x_3，得到等式 $x_1 + x_2 + x_3 = 5$。

当约束条件为"≥"时，如 $2x_1 + x_2 \geq 3$，可在右边减去一个非负变量 x_4，得到等式 $2x_1 + x_2 - x_4 = 3$。

x_3 和 x_4 是为了将不等式转化为等式引入的变量，一般将 x_3 称为松弛变量，x_4 称为剩余变量。松弛变量或剩余变量在实际问题中分别表示未被充分利用的资源和超出的资源数，均未转化为价值和利润，所以引进模型后它们在目标函数中的系数均为零。

4. 决策变量的取值无约束

如果决策变量 x 的取值可能是正也可能是负，这时可令 $x = x' - x''$，其中 $x' \geqslant 0$，$x'' \geqslant 0$，将其代入线性规划模型即可。

5. 决策变量 $x_j \leqslant 0$

可令 $x_j' = - x_j$，显然 $x_j' \geqslant 0$，将其代入模型即可。

例 1.3 将例 1.1 中的模型化为 SLP。

原 LP：

$$\max z = 7x_1 + 12x_2$$

$$\text{s. t.} \begin{cases} 9x_1 + 4x_2 \leqslant 360 \\ 4x_1 + 5x_2 \leqslant 200 \\ 3x_1 + 10x_2 \leqslant 300 \\ x_1, \ x_2 \geqslant 0 \end{cases}$$

解 化成 SLP 后，形式为：

$$\max z = 7x_1 + 12x_2 + 0 \cdot x_3 + 0 \cdot x_4 + 0 \cdot x_5$$

$$\text{s. t.} \begin{cases} 9x_1 + 4x_2 + x_3 = 360 \\ 4x_1 + 5x_2 + x_4 = 200 \\ 3x_1 + 10x_2 + x_5 = 300 \\ x_1, \ x_2, \ x_3, \ x_4, \ x_5 \geqslant 0 \end{cases}$$

其中，x_3，x_4，x_5（如果最后的解中不为 0）的经济意义或物理意义是尚未被利用的资源，即剩余资源，或者是无利润的产品。

例 1.4 将以下 LP 问题化为 SLP。

$$\min z = 2x_2 - x_1 - 3x_3$$

$$\text{s. t.} \begin{cases} x_1 + x_2 + x_3 \leqslant 7 \\ x_1 - x_2 + x_3 \geqslant -2 \\ -3x_1 + x_2 + 2x_3 = 5 \\ x_1 \leqslant 0, \ x_2 \geqslant 0, \ x_3 \text{ 自由} \end{cases}$$

解（1）令 $z' = -z$，$x_1 = -x_1'$，$x_3 = x_4 - x_5$，并且 x_4，$x_5 \geqslant 0$。

（2）在第一个方程左边加入 $x_6 \geqslant 0$；第二个方程左边减去 $x_7 \geqslant 0$，再在等式两边都乘以 (-1)。

（3）令 $z' = -z$，得到：

$$\max z' = -x_1' - 2x_2 + 3(x_4 - x_5) + 0 \cdot x_6 + 0 \cdot x_7$$

$$\text{s. t.} \begin{cases} -x_1' + x_2 + (x_4 - x_5) + x_6 = 7 \\ x_1' + x_2 - (x_4 - x_5) + x_7 = 2 \\ 3x_1' + x_2 + 2(x_4 - x_5) = 5 \\ x_1', \ x_2, \ x_4, \ x_5, \ x_6, \ x_7 \geqslant 0 \end{cases}$$

第2节　线性规划问题的解

2.1　线性规划解的基本概念

设线性规划问题

$$\max z = \sum_{j=1}^{n} c_j x_j \tag{1.7}$$

$$\text{s. t.} \begin{cases} \sum_{j=1}^{n} a_{ij} x_j = b_i & (i = 1, 2, \cdots, m) \\ x_j \geq 0 & (j = 1, 2, \cdots, n) \end{cases} \tag{1.8}$$

求解线性规划问题，就是从满足约束条件(1.8)的方程组中找出一个解，使得目标函数式(1.7)达到最大值。

(1)可行解：满足上述约束条件(1.8)的解 $X = (x_1, x_2, \cdots, x_n)^{\mathrm{T}}$，称为线性规划问题的可行解。全部可行解的集合称为可行域。

(2)最优解：使目标函数式(1.7)达到最大值的可行解称为最优解。

(3)基：设 A 是约束方程中 $m \times n$ 阶系数矩阵(设 $m < n$)，其秩为 m。B 是矩阵 A 中的一个 $m \times m$ 阶的满秩子矩阵，称 B 是线性规划问题的一个基。不失一般性，不妨设 B 位于 A 的前 m 列。

$$B = \begin{bmatrix} a_{11} & a_{12} & \cdots & a_{1m} \\ a_{21} & a_{22} & \cdots & a_{2m} \\ \vdots & \vdots & \ddots & \vdots \\ a_{m1} & a_{m2} & \cdots & a_{mm} \end{bmatrix} = (p_1, p_2, \cdots, p_m)$$

(4)基向量与基变量：B 中每一个列向量 $p_j(j = 1, \cdots, m)$ 称为基向量，与基向量 p_j 对应的决策变量 x_j 称为基变量，记作 X_B。

(5)非基向量与非基变量：A 中除基向量以外的其他向量称为非基向量，记作 N。与非基向量对应的决策变量 x_j 称为非基变量，记作 X_N。

(6)基解：在约束方程组(1.8)中，令所有非基变量 $X_N = 0$，因为 B 满秩，由 m 个约束方程可解出 m 个基变量的唯一解 $X_B = (x_1, x_2, \cdots, x_m)^{\mathrm{T}}$，称为线性规划问题的基解。显然，基和基解是一一对应的，且基解的个数不超过 C_n^m 个。

(7)基可行解：满足非负约束条件的基解称为基可行解。

(8)可行基：对应于基可行解的基称为可行基。

例1.5　找出例1.1中模型的全部基、基解、基可行解。

$$\max z = 7x_1 + 12x_2 + 0 \cdot x_3 + 0 \cdot x_4 + 0 \cdot x_5$$

$$\text{s. t.} \begin{cases} 9x_1 + 4x_2 + x_3 = 360 \\ 4x_1 + 5x_2 + x_4 = 200 \\ 3x_1 + 10x_2 + x_5 = 300 \\ x_1, x_2, x_3, x_4, x_5 \geq 0 \end{cases}$$

解

$$
A = \begin{matrix} & x_1 & x_2 & x_3 & x_4 & x_5 \\ & \begin{bmatrix} 9 & 4 & 1 & 0 & 0 \\ 4 & 5 & 0 & 1 & 0 \\ 3 & 10 & 0 & 0 & 1 \end{bmatrix} \end{matrix}
$$

设 B 为 A 的一个 $m \times m$ 满秩子矩阵，且 $|B| \neq 0$（B 中的行或者列向量线性无关，或行和列不全为零）时，B 为该 LP 的一个基。

取 $B_1 = \begin{bmatrix} 9 & 4 & 1 \\ 4 & 5 & 0 \\ 3 & 10 & 0 \end{bmatrix}$，有行列式 $|B_1| \neq 0$，因此 B_1 为该 LP 的一个基。

基向量：对应于上述基 B_1，组成 B_1 的列向量称为基向量，记作 $p_j (j = 1, 2, \cdots, m)$，如 $p_1 = \begin{bmatrix} 9 \\ 4 \\ 3 \end{bmatrix}$，$p_2 = \begin{bmatrix} 4 \\ 5 \\ 10 \end{bmatrix}$，$p_3 = \begin{bmatrix} 1 \\ 0 \\ 0 \end{bmatrix}$；

基变量：基向量对应的决策变量 x_j 为基变量，记作 X_B。如 $X_{B_1} = (x_1, x_2, x_3)^{\mathrm{T}}$；

非基向量：基向量以外的其他向量为非基向量（即 $N_{m+1}, \cdots, N_n$），如 $N_4 = p_4 = \begin{bmatrix} 0 \\ 1 \\ 0 \end{bmatrix}$，$N_5 = p_5 = \begin{bmatrix} 0 \\ 0 \\ 1 \end{bmatrix}$；

非基变量：非基向量对应的决策变量 x_j 为非基变量，记作 X_N，如 $X_{N_1} = (x_4, x_5)^{\mathrm{T}}$。

2.2　线性规划问题的图解法

为了便于建立 n 维空间中线性规划问题的概念，也便于理解求解一般线性规划问题的单纯形法思想，这里先介绍图解法。图解法的优点是简洁直观，缺点是只适用于问题中有两个变量的情况。

图解法的步骤是：

(1)建立直角坐标系，确立满足约束条件的解的范围，画出可行域。

(2)画出目标函数的等值线。

(3)确定最优解。

例 1.6　用图解法解例 1.1。

$$
\max z = 7x_1 + 12x_2
$$

$$
\text{s. t.} \begin{cases} 9x_1 + 4x_2 \leq 360 \\ 4x_1 + 5x_2 \leq 200 \\ 3x_1 + 10x_2 \leq 300 \\ x_1, x_2 \geq 0 \end{cases}
$$

解　(1)以 x_1，x_2 为坐标轴建立直角坐标系，因约束条件中 x_1，$x_2 \geq 0$，所以只有第一象限内及边界上的点才满足。可行域用阴影表示，如图 1.2 所示。

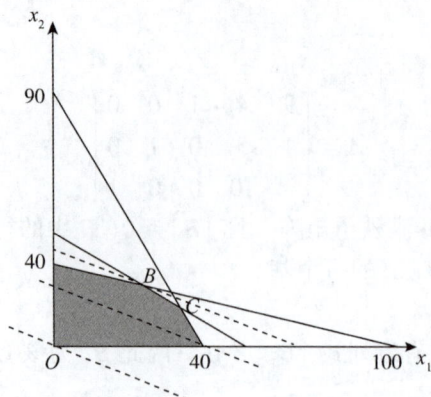

图 1.2　线性规划的图解法

（2）画出目标函数的等值线。将目标函数 $z = 7x_1 + 12x_2$ 中的 z 看成待定的值，改写为 $x_2 = -\dfrac{7}{12}x_1 + \dfrac{z}{12}$，这是斜率为 $-\dfrac{7}{12}$ 的一族平行的直线，在图上用虚线表示。

（3）确定最优解。由图 1.2 可以看出在点 B 处 z 最大，该点坐标可以通过联立方程求得：

$$\begin{cases} 4x_1 + 5x_2 = 200 \\ 3x_1 + 10x_2 = 300 \end{cases}$$

得到 $(x_1, x_2)^{\mathrm{T}} = (20, 24)^{\mathrm{T}}$，$\max z = 7 \times 20 + 12 \times 24 = 428$。

在本例中，用图解法得到的最优解是唯一的，但在线性规划问题的计算中，解的情况还可能出现以下几种。

1. 无穷多最优解

如果将例 1.6 中的目标函数改为 $z = 8x_1 + 10x_2$，则目标函数的图形恰好与约束条件 $4x_1 + 5x_2 \leqslant 200$ 平行。当目标函数等值线向右上方移动时，它与凸多边形不止相切于一个点，而是在整个线段 BC 上相切。这时，在点 B、点 C 及线段 BC 上的任意点都使目标函数值 z 最大，即该线性规划问题有无穷多个解，也称具有多重最优解。

2. 无界解

如果将例 1.6 中约束条件 $9x_1 + 4x_2 \leqslant 360$ 改为 $9x_1 \leqslant 360$，而不考虑其他约束。用图解法时，可以看到变量 x_2 的取值可以无限增大，因而目标函数值也可以一直增大到无穷。这种情况称问题具有无界解或无最优解。其原因是在建立实际问题的数学模型时遗漏了某些必要的资源约束。

3. 无可行解

如线性规划模型

$$\max z = x_1 + 2x_2$$
$$\text{s. t.} \begin{cases} x_1 + x_2 \leqslant 6 \\ x_1 + 2x_2 \geqslant 14 \\ x_1,\ x_2 \geqslant 0 \end{cases}$$

用图解法求解时找不到满足约束条件的公共范围，这时问题无可行解。其原因是模型本身有错误，约束条件之间相互矛盾，应检查修正。

从图解法的解题思路和几何直观上，可以得到求解一般线性规划问题单纯形法的一些启示：

（1）求解线性规划问题时，解有四种情况，分别是唯一最优解、无穷多最优解、无界解和无可行解。

（2）若线性规划问题的可行域存在，则可行域是一个凸集。

（3）若线性规划问题的最优解存在，则最优解一定能够在可行域的某个顶点找到。

（4）在寻找最优解时，先计算任一顶点的目标函数值，然后比较相邻顶点的目标函数值是否比这个更优，如果为否，则该顶点就是最优解，否则就转到比这个点更优的另一个顶点，重复这个步骤，直到找出使目标函数值达到最优的顶点为止。

第 3 节　单纯形法

根据线性规划解的性质，对于标准线性规划问题，可以从可行域的一个顶点转移至另一个顶点，并使目标函数值一次比一次有所改善，直至最优。实现这个过程的基础是线性规划的几何结构——单纯形（即所处空间中最简单、最典型的多面凸集），求解的单纯形法由丹齐格（G. B. Dantzig）在 1947 年提出。

3.1　预备知识

1. 凸集和顶点

对一个给定的几何图形，通常可以从直观上判断其凹凸性。但这样做不严谨，容易产生错误，并且对于仅有解析式的几何体，则无法判断，因此给出凸集的严格定义。

（1）凸集：设 K 是 n 维欧式空间的一个点集，若任意两点 $X_1 \in K$，$X_2 \in K$ 的连线上一切点 $X = \alpha X_1 + (1 - \alpha) X_2$，$(0 < \alpha < 1)$，有 $X \in K$，则称 K 是一个凸集。图 1.3 中（a）、（b）是凸集，（c）、（d）不是凸集。

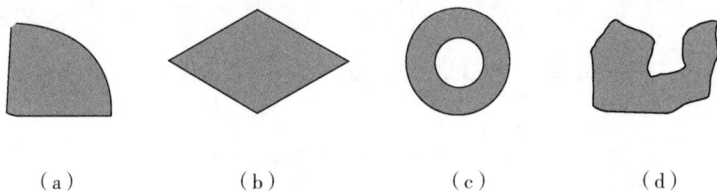

|（a）|（b）|（c）|（d）|

图 1.3　凸集与非凸集

（2）顶点：设 K 是一个凸集，$X \in K$，若对任意 $0 < \alpha < 1$，$X \neq \alpha X_1 + (1 - \alpha) X_2$，其中 $X_1 \in K$，$X_2 \in K$，且 $X_1 \neq X_2$，则称 X 是 K 的一个顶点。也可以叙述为 K 中不存在任何两个不同的点 X_1，X_2，使 X 成为这两个点连线上的点，则 X 是 K 的顶点。

2. 几个基本定理

定理 1　若线性规划问题存在可行解，则问题的可行域是凸集。

证明　若满足线性规划约束条件 $\sum_{j=1}^{n} p_j x_j = b$ 的所有点组成的几何图形 K 是凸集，根据凸集定义，K 内任意两点 X_1，X_2 连线上的点也必然在 K 内，下面予以证明。

设 $X_1 = (x_{11}, x_{12}, \cdots, x_{1n})^{\mathrm{T}}$，$X_2 = (x_{21}, x_{22}, \cdots, x_{2n})^{\mathrm{T}}$ 为 K 内任意两点，即 $X_1 \in K$，$X_2 \in K$，将 X_1，X_2 代入约束条件有

$$\sum_{j=1}^{n} p_j x_{1j} = b \; ; \quad \sum_{j=1}^{n} p_j x_{2j} = b \tag{1.9}$$

X_1，X_2 连线上任意一点可以表示为

$$X = aX_1 + (1 - a)X_2 (0 < a < 1) \tag{1.10}$$

将式(1.9)代入式(1.10)得

$$\sum_{j=1}^{n} p_j x_j = \sum_{j=1}^{n} p_j [ax_{1j} + (1 - a)x_{2j}]$$

$$= \sum_{j=1}^{n} p_j a x_{1j} + \sum_{j=1}^{n} p_j x_{2j} - \sum_{j=1}^{n} p_j a x_{2j}$$

$$= ab + b - ab = b$$

所以 $X = aX_1 + (1 - aX_2) \in K$。由于集合中任意两点连线上的点均在集合内，所以 K 为凸集。

定理 2 线性规划问题的可行解 $X = (x_1, x_2, \cdots, x_n)^{\mathrm{T}}$ 为基可行解的充要条件是 X 的正分量所对应的系数列向量是线性无关的。

证明 必要性：由基可行解的定义显然成立。

充分性：若向量 p_1，p_2，$\cdots$，p_k 线性无关，则必有 $k \leqslant m$，当 $k = m$ 时，它们恰好构成一个基，从而 $X = (x_1, x_2, \cdots, x_m, 0, \cdots, 0)$ 为相应的基可行解；当 $k < m$ 时，则一定可以从其余列向量中找出 $(m - k)$ 个与 p_1，p_2，$\cdots$，p_k 构成一个基，其对应的解恰为 X，所以根据定义它是基可行解。

定理 3 线性规划问题的基可行解 X 对应线性规划问题可行域的顶点。

分析：本定理需要证明 X 是可行域的顶点 $\Leftrightarrow X$ 是基可行解。下面采用的是反证法。

证明(1) X 不是基可行解 $\Rightarrow X$ 不是可行域的顶点。

不失一般性，假设 X 的前 m 个分量为正，故有

$$\sum_{j=1}^{n} p_j x_j = b \tag{1.11}$$

由定理 2 知 p_1，p_2，$\cdots$，p_m 线性相关，即存在一组不全为零的数 $\delta_i (i = 1, \cdots, m)$，使得有

$$\delta_1 p_1 + \delta_2 p_2 + \cdots + \delta_m p_m = 0 \tag{1.12}$$

式(1.12)乘上一个不为零的数 μ 得

$$\mu\delta_1 p_1 + \mu\delta_2 p_2 + \cdots + \mu\delta_m p_m = 0 \tag{1.13}$$

式(1.11)+式(1.13)得：$(x_1 + \mu\delta_1)p_1 + (x_2 + \mu\delta_2)p_2 + \cdots + (x_m + \mu\delta_m)p_m = b$

式(1.11)−式(1.13)得：$(x_1 - \mu\delta_1)p_1 + (x_2 - \mu\delta_2)p_2 + \cdots + (x_m - \mu\delta_m)p_m = b$

令

$$X^{(1)} = [(x_1 + \mu\delta_1), (x_2 + \mu\delta_2), \cdots, (x_m + \mu\delta_m), 0, \cdots, 0]$$

$$X^{(2)} = [(x_1 - \mu\delta_1), (x_2 - \mu\delta_2), \cdots, (x_m - \mu\delta_m), 0, \cdots, 0]$$

又 μ 可以这样来选取，使对所有 $i = 1, \cdots, m$ 有

$$x_i \pm \mu\delta_i \geqslant 0$$

由此 $X^{(1)} \in K$，$X^{(2)} \in K$，又 $X = \dfrac{1}{2}X^{(1)} + \dfrac{1}{2}X^{(2)}$，即 X 不是可行域的顶点。

（2）X 不是可行域的顶点 $\Rightarrow X$ 不是基可行解。

不失一般性，设 $X = (x_1, x_2, \cdots, x_r, 0, \cdots, 0)$ 不是可行域的顶点，因而可以找到可行域内另外两个不同点 Y 和 Z，有 $X = aY + (1-a)Z(0 < a < 1)$，或可写为

$$x_j = ay_j + (1-a)z_j(0 < a < 1; j = 1, 2, \cdots, n)$$

因 $a > 0$，$1 - a > 0$，故当 $x_j = 0$ 时，必有 $y_j = z_j = 0$

因有
$$\sum_{j=1}^{n} \boldsymbol{p}_j x_j = \sum_{j=1}^{r} \boldsymbol{p}_j x_j = b$$

故有
$$\sum_{j=1}^{n} \boldsymbol{p}_j y_j = \sum_{j=1}^{r} \boldsymbol{p}_j y_j = b \tag{1.14}$$

$$\sum_{j=1}^{n} \boldsymbol{p}_j z_j = \sum_{j=1}^{r} \boldsymbol{p}_j z_j = b \tag{1.15}$$

式（1.14）−式（1.15）得：$\sum_{j=1}^{r} (y_j - z_j) \boldsymbol{p}_j = 0$。

因 $(y_j - z_j)$ 不全为零，故 $\boldsymbol{p}_1, \boldsymbol{p}_2, \cdots, \boldsymbol{p}_r$ 线性相关，即 X 不是基可行解。

定理 4 若线性规划问题有最优解，一定存在一个基可行解是最优解。

证明 设 $X^{(0)} = (x_1^0, x_2^0, \cdots, x_n^0)$ 是线性规划的一个最优解，$Z = CX^{(0)} = \sum_{j=1}^{n} c_j x_j^0$ 是目标函数的最大值。若 $X^{(0)}$ 不是基可行解，由定理 3 知 $X^{(0)}$ 不是顶点，一定能在可行域内找到通过 $X^{(0)}$ 的直线上的另外两个点 $(X^{(0)} + \mu\delta) \geqslant 0$ 和 $(X^{(0)} - \mu\delta) \geqslant 0$，将这两个点代入目标函数有

$$\boldsymbol{C}(X^{(0)} + \mu\delta) = CX^{(0)} + C\mu\delta$$

$$\boldsymbol{C}(X^{(0)} - \mu\delta) = CX^{(0)} - C\mu\delta$$

因 $KX^{(0)}$ 为目标函数的最大值，故有

$$CX^{(0)} \geqslant CX^{(0)} + C\mu\delta$$

$$CX^{(0)} \geqslant CX^{(0)} - C\mu\delta$$

由此 $\boldsymbol{C}\mu\delta = 0$，即有 $\boldsymbol{C}(X^{(0)} + \mu\delta) = CX^{(0)} = \boldsymbol{C}(X^{(0)} - \mu\delta)$。如果 $(X^{(0)} + \mu\delta)$ 或 $(X^{(0)} - \mu\delta)$ 仍不是基可行解，按上面的方法继续做下去，最后一定可以找到一个基可行解，其目标函数值仍等于 $\boldsymbol{C}X^{(0)}$，问题得证。

3.2 单纯形法原理

以极大化问题为例，单纯形法的基本思路是：先找到一个初始基可行解，如果不是最优解，则转移到另一个基可行解，并使目标函数值不断增大，直到最优为止。

下面先结合实例用代数运算形式说明单纯形法的迭代过程。

例 1.7 用代数法求解例 1.1。

解 （1）化为标准型

$$\max z = 7x_1 + 12x_2 + 0 \cdot x_3 + 0 \cdot x_4 + 0 \cdot x_5$$

$$\text{s. t.} \begin{cases} 9x_1 + 4x_2 + x_3 = 360 \\ 4x_1 + 5x_2 + x_4 = 200 \\ 3x_1 + 10x_2 + x_5 = 300 \\ x_1, x_2, x_3, x_4, x_5 \geqslant 0 \end{cases} \tag{1.16}$$

(2)找一个初始基可行解 $X^{(0)}$。上述标准型约束方程组的系数矩阵为

$$A = \begin{bmatrix} 9 & 4 & 1 & 0 & 0 \\ 4 & 5 & 0 & 1 & 0 \\ 3 & 10 & 0 & 0 & 1 \end{bmatrix}$$

含有三个线性无关的单位列向量

$$p_3 = \begin{bmatrix} 1 \\ 0 \\ 0 \end{bmatrix}, \quad p_4 = \begin{bmatrix} 0 \\ 1 \\ 0 \end{bmatrix}, \quad p_5 = \begin{bmatrix} 0 \\ 0 \\ 1 \end{bmatrix}$$

因此 A 的子矩阵 $B_0 = (P_3, P_4, P_5) = \begin{bmatrix} 1 & 0 & 0 \\ 0 & 1 & 0 \\ 0 & 0 & 1 \end{bmatrix}$ 非奇异，它是线性规划问题(1.16)的一

个基，而且由于约束方程组的右端常数项均为非负，显然 B_0 是一个可行基，x_3，x_4，x_5 为关于可行基 B_0 的基变量，x_1，x_2 为关于可行基 B_0 的非基变量。为求初始基本可行解，只要在约束方程组(1.16)中令非基变量 $x_1 = x_2 = 0$，从而有 $x_3 = 360$，$x_4 = 200$，$x_5 = 300$，这就是方程组的右端常数项。于是得到初始基本可行解：

$$X^{(0)} = (0, \ 0, \ 360, \ 200, \ 300)^{\mathrm{T}}$$

其对应的目标函数值 $z^{(0)} = 7 \times 0 + 12 \times 0 = 0$。

(3)检验 $X^{(0)}$ 是否为最优解。由目标函数的表达式 $z = 7x_1 + 12x_2$ 可知，非基变量 x_1 和 x_2 的系数为正数，如果把非基变量 x_1 和 x_2 转换为基变量，而且取正值，则会使目标函数的值增大，所以 $X^{(0)}$ 不是最优解。

(4)第一次迭代。经过每次迭代，得到一个新的基本可行解。因此，每次迭代以后，哪些变量作为基变量，哪些变量作为非基变量就要发生变化。

当前目标函数中 x_2 的系数大于 x_1 的系数，因此，可以选 x_2 为基变量，而且让它取尽可能大的值，x_1 仍作为非基变量取值为零，并从原来的基变量 x_3，x_4，x_5 中选出一个作为非基变量。但是 x_2 的取值不能任意增大，它要受到约束方程组的限制，由约束方程组(1.16)得

$$\begin{cases} x_3 = 360 - 9x_1 - 4x_2 \\ x_4 = 200 - 4x_1 - 5x_2 \\ x_5 = 300 - 3x_1 - 10x_2 \end{cases} \tag{1.17}$$

将 $x_1 = 0$，$x_2 = \theta$ 代入方程组(1.17)中，为了让 θ 取尽可能大的值，同时又考虑到 x_3，x_4，x_5 必须取非负值，则 θ 的值应满足

$$\begin{cases} x_3 = 360 - 4\theta \geq 0 \\ x_4 = 200 - 5\theta \geq 0 \\ x_5 = 300 - 10\theta \geq 0 \end{cases}$$

即

$$x_2 = \theta = \min\left\{ \frac{360}{4}, \ \frac{200}{5}, \ \frac{300}{10} \right\} = 30$$

相应地有

$$\begin{cases} x_3 = 360 - 4 \times 30 = 240 \\ x_4 = 200 - 5 \times 30 = 50 \\ x_5 = 300 - 10 \times 30 = 0 \end{cases}$$

因此，在原来的基变量 x_3，x_4，x_5 中选出 x_5 作为非基变量，得到第一次迭代后的基本可行解

$$X^{(1)} = (0, 30, 240, 50, 0)^\mathrm{T}$$

对应地目标函数值 $z^{(1)} = 7 \times 0 + 12 \times 30 = 360 \geqslant z^{(0)}$。

（5）检验 $X^{(1)}$ 是否为最优解，将约束方程组（1.16）改写为非基变量 x_1，x_5 来表示基变量 x_2，x_3，x_4 的表达式

$$\begin{cases} x_3 = 240 - \dfrac{39}{5}x_1 + \dfrac{2}{5}x_5 \\ x_4 = 50 - \dfrac{5}{2}x_1 + \dfrac{1}{2}x_5 \\ x_2 = 30 - \dfrac{3}{10}x_1 - \dfrac{1}{10}x_5 \end{cases} \tag{1.18}$$

将方程组（1.18）代入目标函数，得目标函数用非基变量 x_1，x_5 表示的表达式

$$z = 7x_1 + 12\left(30 - \dfrac{3}{10}x_1 - \dfrac{1}{10}x_5\right) = 360 + 3.4x_1 - 1.2x_5$$

非基变量 x_1 的系数是正数，如果把非基变量 x_1 转换为基变量，而且取正值，则会使目标函数值进一步增大，由此 $X^{(1)}$ 不是最优解。

（6）第二次迭代。和第一次迭代同样的道理，选 x_1 为基变量，让它取尽可能大的值，x_5 仍作为非基变量，取值为零，从基变量 x_2，x_3，x_4 中选出一个作为非基变量。x_1 的取值也按同样的方法来确定。

将 $x_1 = \theta$，$x_5 = 0$ 代入方程组（1.18），并考虑 x_2，x_3，x_4 必须取非负值，因此 θ 的值应满足

$$\begin{cases} x_3 = 240 - \dfrac{39}{5}\theta \geqslant 0 \\ x_4 = 50 - \dfrac{5}{2}\theta \geqslant 0 \\ x_2 = 30 - \dfrac{3}{10}\theta \geqslant 0 \end{cases}$$

即

$$x_1 = \theta = \min\left\{\dfrac{240}{7.8}, \dfrac{50}{2.5}, \dfrac{30}{0.3}\right\} = \min\{30.77, 20, 100\} = 20$$

相应地有

$$\begin{cases} x_3 = 240 - \dfrac{39}{5} \times 20 = 84 \\ x_4 = 50 - \dfrac{5}{2} \times 20 = 0 \\ x_2 = 30 - \dfrac{3}{10} \times 20 = 24 \end{cases}$$

可见 x_4 为非基变量，得到第二次迭代后的基本可行解

$$\boldsymbol{X}^{(2)} = (20,\ 24,\ 84,\ 0,\ 0)^{\mathrm{T}}$$

对应的目标函数值

$$z^{(2)} = 7 \times 20 + 12 \times 24 = 428 \geqslant z^{(1)}$$

(7) 检验 $\boldsymbol{X}^{(2)}$ 是否为最优解。用和检验 $\boldsymbol{X}^{(1)}$ 一样的方法，将约束方程组(1.16)改写为非基变量 x_4，x_5 来表示基变量 x_1，x_2，x_3 的表达式，可在方程组(1.18)的基础上移项后得

$$\begin{cases} x_3 = 84 + 3.12x_4 - 1.16x_5 \\ x_1 = 20 - 0.4x_4 + 0.2x_5 \\ x_2 = 24 + 0.12x_4 - 0.16x_5 \end{cases} \tag{1.19}$$

将方程组(1.19)代入目标函数，则目标函数用非基变量 x_4，x_5 来表示的表达式

$$z = 7(20 - 0.4x_4 + 0.2x_5) + 12(24 + 0.12x_4 - 0.16x_5) = 428 - 1.36x_4 - 0.52x_5$$

此时，目标函数中非基变量 x_4，x_5 的系数都不大于零。可见，目标函数的值不可能再继续增大，目标函数已经取得最大值 $z^* = 428$，故最优解为 $\boldsymbol{X}^* = \boldsymbol{X}^{(2)}$。

在上述例子的基础上，抽象出一般线性规划问题的求解过程。

1. 确定初始基可行解

对于标准的线性规划问题

$$\max z = \sum_{j=1}^{n} c_j x_j \tag{1.20}$$

$$\text{s. t.} \begin{cases} \sum_{j=1}^{n} p_j x_j = b \\ x_j \geqslant 0(j = 1,\ \cdots,\ n) \end{cases} \tag{1.21}$$

根据约束条件的具体形式可以分成两种情况：

(1) 当约束条件全为 "$\leqslant$" 时，在化为 SLP 时，依次在每个约束条件左端添加松弛变量，形成一个单位子矩阵。

$$\begin{cases} a_{11}x_1 + a_{12}x_2 + \cdots + a_{1n}x_n + x_{n+1} = b_1 \\ a_{21}x_1 + a_{22}x_2 + \cdots + a_{2n}x_n + x_{n+2} = b_2 \\ \cdots \qquad\qquad\qquad \cdots \qquad\qquad \cdots \\ a_{m1}x_1 + a_{m2}x_2 + \cdots + a_{mn}x_n + x_{n+m} = b_m \end{cases}$$

取初始基为

$$B_0 = (p_{n+1},\ p_{n+2},\ \cdots,\ p_{n+m}) = \begin{bmatrix} 1 & 0 & \cdots & 0 \\ 0 & 1 & \cdots & 0 \\ \vdots & \vdots & \ddots & \vdots \\ 0 & 0 & \cdots & 1 \end{bmatrix}$$

令非基变量为零，可立即解出基解 $\boldsymbol{X} = (0,\ \cdots,\ 0,\ b_1,\ b_2,\ \cdots,\ b_m)^{\mathrm{T}}$，因为 $b_i \geqslant 0(i = 1,\ \cdots,\ m)$，由此 $\boldsymbol{X} = (0,\ \cdots,\ 0,\ b_1,\ b_2,\ \cdots,\ b_m)^{\mathrm{T}}$ 就是一个基可行解。

(2) 当约束条件为 "$\geqslant$" 或 "$=$" 时，化为 SLP 后，一般约束条件的系数矩阵不包含单位矩阵，这时为了方便找出一个初始的基可行解，可添加人工变量来构造单位矩阵作为初始基，称为人工基。这种方法将在本章第4节中讨论。

2. 从初始基可行解转换到另一个基可行解

设初始基可行解中的前 m 个为基变量，即

$$X^{(0)} = (x_1^0, \ x_2^0, \ \cdots, \ x_m^0, \ 0, \ \cdots, \ 0)^{\mathrm{T}}$$

代入约束条件(1.21)中有

$$\sum_{i=1}^{m} \boldsymbol{p}_i x_i^0 = \boldsymbol{b} \tag{1.22}$$

式(1.22)的增广矩阵为

$$
\begin{array}{ccccccccccc}
\boldsymbol{p}_1 & \boldsymbol{p}_2 & \cdots & \boldsymbol{p}_m & \boldsymbol{p}_{m+1} & \cdots & \boldsymbol{p}_j & \cdots & \boldsymbol{p}_n & \boldsymbol{b}
\end{array}
$$

$$
\left[
\begin{array}{ccccccccc|c}
1 & 0 & \cdots & 0 & a_{1,\,m+1} & \cdots & a_{1j} & \cdots & a_{1n} & b_1 \\
0 & 1 & \cdots & 0 & a_{2,\,m+1} & \cdots & a_{2j} & \cdots & a_{2n} & b_2 \\
\vdots & \vdots & & \vdots & \vdots & & \vdots & & \vdots & \vdots \\
0 & 0 & \cdots & 1 & a_{m,\,m+1} & \cdots & a_{mj} & \cdots & a_{mn} & b_m
\end{array}
\right]
$$

因 $\boldsymbol{p}_1, \cdots, \boldsymbol{p}_m$ 是一个基，其他向量 $\boldsymbol{p}_j$ 可以用这组基变量的线性组合来表示，有

$$\boldsymbol{p}_j = \sum_{i=1}^{m} a_{ij} \boldsymbol{p}_i \tag{1.23}$$

或写成

$$\boldsymbol{p}_j - \sum_{i=1}^{m} a_{ij} \boldsymbol{p}_i = 0 \tag{1.24}$$

将式(1.24)乘上一个正数 $\theta > 0$ 得

$$\theta\left(\boldsymbol{p}_j - \sum_{i=1}^{m} a_{ij} \boldsymbol{p}_i\right) = 0 \tag{1.25}$$

式(1.22)+式(1.25)整理后有

$$\sum_{i=1}^{m} (x_i^0 - \theta a_{ij}) \boldsymbol{p}_i + \theta \boldsymbol{p}_j = \boldsymbol{b} \tag{1.26}$$

由式(1.26)找到满足约束方程(1.21)的另一个点 $X^{(1)}$，有

$$X^{(1)} = (x_1^0 - \theta a_{1j}, \ x_2^0 - \theta a_{2j}, \ \cdots, \ x_m^0 - \theta a_{mj}, \ 0, \ \cdots, \ \theta, \ \cdots 0)^{\mathrm{T}}$$

其中 θ 是 $X^{(1)}$ 的第 j 个坐标的值。要使 $X^{(1)}$ 是一个基可行解，则分量均非负，即

$$x_i^0 - \theta a_{ij} \geqslant 0, \ i = 1, \ \cdots, \ m \tag{1.27}$$

令这 m 个不等式中至少有一个等号成立。当 $a_{ij} < 0$ 时，式(1.27)显然成立，故可令

$$\theta = \min_i \left\{ \frac{x_i^0}{a_{ij}} \,\middle|\, a_{ij} > 0 \right\} = \frac{x_l^0}{a_{lj}} \tag{1.28}$$

这样 $X^{(1)}$ 中正的分量最多有 m 个，容易验证这 m 个向量 $\boldsymbol{p}_1, \cdots, \boldsymbol{p}_{l-1}, \boldsymbol{p}_{l+1}, \cdots, \boldsymbol{p}_m, \boldsymbol{p}_j$ 线性无关，是一组新基。故只需按式(1.28)确定 θ 的值，则 $X^{(1)}$ 就是一个新的基解。

3. 最优性检验和解的判别

将基可行解 $X^{(0)}$, $X^{(1)}$ 分别代入目标函数得

$$z^{(0)} = \sum_{i=1}^{m} c_i x_i^0$$

$$z^{(1)} = \sum_{i=1}^{m} c_i (x_i^0 - \theta a_{ij}) + \theta c_j$$

$$= \sum_{i=1}^{m} c_i x_i^0 + \theta \left(c_j - \sum_{i=1}^{m} c_i a_{ij} \right)$$

$$= z^{(0)} + \theta \left(c_j - \sum_{i=1}^{m} c_i a_{ij} \right)$$

因 $\theta > 0$，只要 $c_j - \sum\limits_{i=1}^{m} c_i a_{ij} > 0$，则 $z^{(1)} > z^{(0)}$。$\left(c_j - \sum\limits_{i=1}^{m} c_i a_{ij} \right)$ 通常简写成 $c_j - z_j$ 或 σ_j，它是对线性规划问题的解进行最优性检验的标志，称为检验数。

用单纯形法求解极大化线性规划问题时，检验数与解的判别关系为：

(1)当所有 $\sigma_j \leqslant 0$，表明现有顶点(基可行解)的目标函数值比相邻各顶点(基可行解)的目标函数值都大，现有顶点对应的基可行解是最优解。

(2)当所有 $\sigma_j \leqslant 0$，又对某个非基变量 x_k 的检验数 $\sigma_k = 0$，则表明可以找到另一顶点(基可行解)目标函数值也达到最大。由于这两点连线上的点也属于可行域，且目标函数值相等，即线性规划问题有无穷多最优解。

(3)如果存在某个 $\sigma_k > 0$，且向量 $p_k \leqslant 0$，则对任意 $\theta > 0$，式(1.16)恒成立。因为 θ 取值可以无限增大，所以目标函数值无限增大，即线性规划问题存在无界解。

3.3 单纯形表

为了计算上的方便和规格化，对单纯形法设计了一种专门表格，称为单纯形表(见表 1.2)。迭代计算中每找出一个新的基可行解，就重新画一张单纯形表。含初始基可行解的单纯形表称为初始表，含最优解的单纯形表称为最终表。

表 1.2 单纯形表

$c_j \rightarrow$			c_1	$\cdots$	c_m	$\cdots$	c_j	$\cdots$	c_n
C_B	基	b	x_1	$\cdots$	x_m	$\cdots$	x_j	$\cdots$	x_n
c_1	x_1	b_1	1	$\cdots$	0	$\cdots$	a_{1j}	$\cdots$	a_{1n}
c_2	x_2	b_2	0	$\cdots$	0	$\cdots$	a_{2j}	$\cdots$	a_{2n}
$\vdots$	$\vdots$	$\vdots$	$\vdots$		$\vdots$		$\vdots$		$\vdots$
c_m	x_m	b_m	0	$\cdots$	1	$\cdots$	a_{mj}	$\cdots$	a_{mn}
$c_j - z_j$			0	$\cdots$	0	$\cdots$	$c_j - \sum\limits_{i=1}^{m} c_i a_{ij}$	$\cdots$	$c_n - \sum\limits_{i=1}^{m} c_i a_{in}$

以下结合实例说明极大化线性规划问题求解的五个步骤：

第一步：化标准线性规划(SLP)，找出初始可行基，建立初始表。

第二步：进行最优性检验，求 σ_j。若所有检验数 $\sigma_j \leqslant 0$，则表中的基可行解就是问题的最优解，计算结束，否则转下一步。

第三步：若 $\sigma_k > 0$，且向量 $p_k \leqslant 0$，则为无界解，计算结束，否则转下一步。

第四步：从一个基可行解转换到另一个目标函数值更大的基可行解，列出新的单纯形表。

按 $\sigma_k = \max\limits_{j} \{ \sigma_j > 0 \}$ 确定 x_k 为换入变量，当 $\sigma_{\max}$ 不止一个时，选下标小的；

按 $\theta_l = \min\limits_{i} \left\{ \dfrac{b_i}{a_{ik}} \middle| a_{ik} > 0 \right\} = \dfrac{b_l}{a_{lk}}$ 确定 x_l 为换出变量，当 $\theta_{\min}$ 不止一个时，选下标大的。

元素 a_{lk} 决定了从一个基可行解到另一个基可行解的转移去向，称为主元素。

第五步：在单纯形表中，以 x_k 替换 X_B 中 x_l 的位置，相应改变 C_B，化 p_k 为单位向量，返回第二步，直到计算终止。

例 1.8　用单纯形表求解例 1.1。

SLP：

$$\max z = 7x_1 + 12x_2 + 0 \cdot x_3 + 0 \cdot x_4 + 0 \cdot x_5$$

$$\text{s. t.}\begin{cases} 9x_1 + 4x_2 + x_3 = 360 \\ 4x_1 + 5x_2 + x_4 = 200 \\ 3x_1 + 10x_2 + x_5 = 300 \\ x_1, x_2, x_3, x_4, x_5 \geqslant 0 \end{cases}$$

解　(P_3, P_4, P_5) 是一个单位矩阵。

取初始基 $B_0 = (P_3, P_4, P_5)$。

用单纯形法计算如表 1.3 所示。

表 1.3　例 1.8 表

C_B	基	b	x_1	x_2	x_3	x_4	x_5	θ_i
	c_j		7	12	0	0	0	
0	x_3	360	9	4	1	0	0	360/4
0	x_4	200	4	5	0	1	0	200/5
0	x_5	300	3	[10]	0	0	1	300/10$^{\vee}$
	δ_j		7	12$^{\vee}$	0	0	0	
0	x_3	240	7.8	0	1	0	−0.4	240/7.8
0	x_4	50	[2.5]	0	0	1	−0.5	50/2.5$^{\vee}$
12	x_2	30	0.3	1	0	0	0.1	30/0.3
	δ_j		3.4$^{\vee}$	0	0	0	−1.2	
0	x_3	84	0	0	1	−3.12	1.16	
7	x_1	20	1	0	0	0.4	−0.2	
12	x_2	24	0	1	0	−0.12	0.16	
	δ_j		0	0	0	−1.36	−0.52	

得到最优解 $X^* = (20, 24, 84, 0, 0)^{\mathrm{T}}$，目标函数最优值 $z^* = 428$。

例 1.9　求解。

$$\max z = 2x_1 + x_2$$

$$\text{s. t.}\begin{cases} 5x_2 \leqslant 15 \\ 6x_1 + 2x_2 \leqslant 24 \\ x_1 + x_2 \leqslant 5 \\ x_1, x_2 \geqslant 0 \end{cases}$$

解　计算过程如表 1.4 所示。

表1.4 例1.9表

C_B	基	b	x_1	x_2	x_3	x_4	x_5	θ_i
	c_j		2	1	0	0	0	
0	x_3	15	0	5	1	0	0	—
0	x_4	24	[6]	2	0	1	0	24//6$^\vee$
0	x_5	5	1	1	0	0	1	5/1
	δ_j		2$^\vee$	1	0	0	0	
0	x_3	15	0	5	1	0	0	3
2	x_1	4	1	1/3	0	1/6	0	12
0	x_5	1	0	[2/3]	0	−1/6	1	3/2
	δ_j		0	1/3	0	−1/3	0	
0	x_3	15/2	0	0	1	5/4	−15/2	
2	x_1	7/2	1	0	0	1/4	−1/2	
1	x_2	3/2	0	1	0	−1/4	3/2	
	δ_j		0	0	0	−1/4	−1/2	

得到最优解 $X^* = (7/2,\ 3/2,\ 15/2,\ 0,\ 0)^T$，目标函数最优值 $z^* = 8.5$。

第4节　单纯形法的进一步讨论

前面讨论的线性规划，初始可行基都是在化为标准型后直接得到的，这在多数情况下是不会出现的。当一个线性规划问题化为标准型后不能立即得出初始可行基，即找不出单位子矩阵，则可以采用"人工变量法"，也称"人造基法"。这种方法仍以前面的讨论为基础，只是进行了一些数学处理，是单纯形法的组成部分。

对于标准线性规划问题的约束条件

$$\text{s.t.}\begin{cases} a_{11}x_1 + a_{12}x_2 + \cdots + a_{1n}x_n = b_1 \\ a_{21}x_1 + a_{22}x_2 + \cdots + a_{2n}x_n = b_2 \\ \cdots \\ a_{m1}x_1 + a_{m2}x_2 + \cdots + a_{mn}x_n = b_m \\ x_1,\ x_2,\ \cdots,\ x_n \geq 0 \end{cases}$$

变换为

$$\text{s.t.}\begin{cases} a_{11}x_1 + a_{12}x_2 + \cdots + a_{1n}x_n + x_{n+1} = b_1 \\ a_{21}x_1 + a_{22}x_2 + \cdots + a_{2n}x_n + x_{n+2} = b_2 \\ \cdots \\ a_{m1}x_1 + a_{m2}x_2 + \cdots + a_{mn}x_n + x_{n+m} = b_m \\ x_1,\ x_2,\ \cdots,\ x_n,\ x_{n+1},\ \cdots,\ x_{n+m} \geq 0 \end{cases}$$

其中 $x_{n+1},\ \cdots,\ x_{n+m}$ 为人工变量。

由于人工变量是虚拟的量，为了使原 SLP 的约束条件成立，人工变量的最终值必须为 0，即在迭代过程中，人工变量应被逐一换出，最后全部称为非基变量。如果经过迭代，最终表中仍有非零的人工变量，则表明原问题无可行解。

下面介绍采用人工变量的两种方法。

4.1　大 M 法

为了使人工变量最终不对目标函数产生影响，对人工变量的价值系数作如下规定：引入非常大的正数 $M>0$，极大化问题中，人工变量的价值系数为 $-M$，这样一来，只要人工变量不为零，目标函数就不可能极大化。同理，对于极小化问题，人工变量的价值系数为 $+M$。

在用单纯形法求解时，M 不必具体赋值，看成是一个代数符号参加运算即可。通过下例说明。

例 1.10　求解 LP。

$$\max z = 3x_1 - x_2 - x_3$$

$$\text{s. t.} \begin{cases} x_1 - 2x_2 + x_3 \leqslant 11 \\ -4x_1 + x_2 + 2x_3 \geqslant 3 \\ -2x_1 + x_3 = 1 \\ x_1,\ x_2,\ x_3 \geqslant 0 \end{cases}$$

解　化 SLP，得

$$\max z = 3x_1 - x_2 - x_3$$

$$\text{s. t.} \begin{cases} x_1 - 2x_2 + x_3 + x_4 = 11 \\ -4x_1 + x_2 + 2x_3 - x_5 = 3 \\ -2x_1 + x_3 = 1 \\ x_1,\ x_2,\ x_3,\ x_4,\ x_5 \geqslant 0 \end{cases}$$

不能确定初始可行基，引入人工变量 x_6，$x_7 \geqslant 0$，因此在目标函数中添加"罚因子" M，M 为人工变量系数，可为任意大的正数。LP 变换为：

$$\max z = 3x_1 - x_2 - x_3 - Mx_6 - Mx_7$$

$$\text{s. t.} \begin{cases} x_1 - 2x_2 + x_3 + x_4 = 11 \\ -4x_1 + x_2 + 2x_3 - x_5 + x_6 = 3 \\ -2x_1 + x_3 + \text{x}_7 = 1 \\ x_1,\ x_2,\ x_3,\ x_4,\ x_5 \geqslant 0 \end{cases}$$

说明：(1)第一个约束方程中，加入松弛变量 x_4 后，$\boldsymbol{p}_4$ 成为单位向量，则无须人工变量。

(2)在操作时，务必正确区分人工变量和松弛变量，它们的本质是完全不同的。

取 $\boldsymbol{B}_0 = (\boldsymbol{p}_4,\ \boldsymbol{p}_6,\ \boldsymbol{p}_7)$ 为初始可行基，计算过程如表 1.5 所示。

表 1.5　计算过程

c_j			3	−1	−1	0	0	−M	−M	θ_i
C_B	基	b	x_1	x_2	x_3	x_4	x_5	x_6	x_7	
0	x_4	11	1	−2	1	1	0	0	0	11

续表

C_B	基	b	x_1	x_2	x_3	x_4	x_5	x_6	x_7	θ_i
	c_j		3	−1	−1	0	0	−M	−M	
−M	x_6	3	−4	1	2	0	−1	1	0	3/2
−M	x_7	1	−2	0	[1]	0	0	0	1	1
	δ_j		3−6M	−1+M	−1+3M✓	0	−M	0	0	
0	x_4	15	3	−2	0	1	0	0	−1	—
0	x_6	4	0	[1]	0	0	−1	1	−2	1
12	x_3	1	−2	0	1	0	0	0	1	—
	δ_j		1	−1+M✓	0	0	−M	0	1−3M	
0	x_4	15/2	[3]	0	0	1	−2	2	−5	4
7	x_2	7/2	0	1	0	0	−1	1	−2	—
12	x_3	3/2	−2	0	1	0	0	0	1	—
	δ_j		1✓	0	0	0	−1	1−M	−1−M	
3	x_1	4	1	0	0	1/3	−2/3	2/3	−5/3	
−1	x_2	1	0	1	0	0	−1	1	−2	
−1	x_3	9	0	0	1	2/3	−4/3	4/3	−7/3	
	δ_j		0	0	0	−1/3	−1/3	1/3−M	2/3−M	

4.2 两阶段法

大 M 法存在两个不足：第一，手工计算时，由于 M 的引入，检验数 σ_j 的计算容易出错；第二，计算机求解时，对 M 赋值过大则可能溢出，对 M 赋值过小则会出错。为了克服这个困难，可以对添加人工变量后的线性规划问题分两个阶段来计算，称为两阶段法。

第一阶段是判断。引入人工变量构造初始基，建立辅助线性规划 LP1，它的约束条件是原线性规划的约束条件加入人工变量形成，目标函数是人工变量相加的极小化函数。显然在第一阶段中，当人工变量取值为零时，目标函数值也为零。此时的最优解就是原线性规划问题的一个可行解。如果第一阶段的结果不为零，即最优解的基变量中含有人工变量，则表明原线性规划问题无可行解。

第二阶段是求解。当第一阶段求解结果表明问题有可行解时，利用 LP1 的最终单纯形表，去除表中人工变量，目标函数换成原线性规划的目标函数，重新求 σ_j，继续迭代，直至求出结果。

以下通过实例说明两阶段法的具体实施过程。

例 1.11 求解 LP。

$$\max z = -5x_1 - 8x_2$$

$$\text{s. t.} \begin{cases} x_1 + x_3 = 400 \\ x_2 - x_4 = 200 \\ x_1 + x_2 = 500 \\ x_1,\ x_2,\ x_3,\ x_4 \geqslant 0 \end{cases}$$

解　给出的是一个 SLP，但找不到初始基。

采用两阶段法求解：

第一阶段，引进人工变量 x_5，$x_6 \geqslant 0$，构造辅助规划 LP1：

$$\max w = -x_5 - x_6$$

$$\text{s. t.} \begin{cases} x_1 + x_3 = 400 \\ x_2 - x_4 + x_5 = 200 \\ x_1 + x_2 + x_6 = 500 \\ x_1,\ x_2,\ x_3,\ x_4,\ x_5,\ x_6 \geqslant 0 \end{cases}$$

取 $\boldsymbol{B}_0 = (\boldsymbol{p}_3,\ \boldsymbol{p}_5,\ \boldsymbol{p}_6)$ 为初始可行基，计算过程如表 1.6 所示。

表 1.6　计算过程

c_j			0	0	0	0	-1	-1	θ_i
C_B	基	b	x_1	x_2	x_3	x_4	x_5	x_6	
0	x_3	400	1	0	1	0	0	0	—
-1	x_5	200	0	[1]	0	-1	1	0	200$^\vee$
-1	x_6	500	1	1	0	0	0	1	500
σ_j			1	2$^\vee$	0	-1	0	0	
0	x_3	400	1	0	1	0	0	0	400
0	x_2	200	0	1	0	-1	1	0	—
-1	x_6	300	[1]	0	0	1	-1	1	300$^\vee$
σ_j			1$^\vee$	0	0	1	-2	0	
0	x_3	100	0	0	1	-1	1	-1	
0	x_2	200	0	1	0	-1	1	0	
0	x_1	300	1	0	0	1	-1	1	
σ_j			0	0	0	0	-1	-1	

得到 $x_5 = x_6 = 0$，$\max w = 0$，转第二阶段。

第二阶段，去除人工变量，改换 c_j，得原 LP 单纯形表（表 1.7）：

表 1.7　原 LP 单纯形表

c_j			-5	-8	0	0	θ_i
C_B	基	b	x_1	x_2	x_3	x_4	
0	x_3	100	0	0	1	-1	

c_j			-5	-8	0	0	θ_i
C_B	基	b	x_1	x_2	x_3	x_4	
-8	x_2	200	0	1	0	-1	
-5	x_1	300	1	0	0	1	
σ_j			0	0	0	-3	

已得到最优解 $\boldsymbol{X}^* = (300, 200, 100, 0)^{\mathrm{T}}$，最优值 $z^* = -3\ 100$。

4.3　单纯形法小结

用单纯形法求解线性规划问题，应先化为标准型，然后选取或构造一个单位矩阵作为初始基，在此基础上，通过迭代计算，直至求出结果，单纯形算法流程如图 1.4 所示。

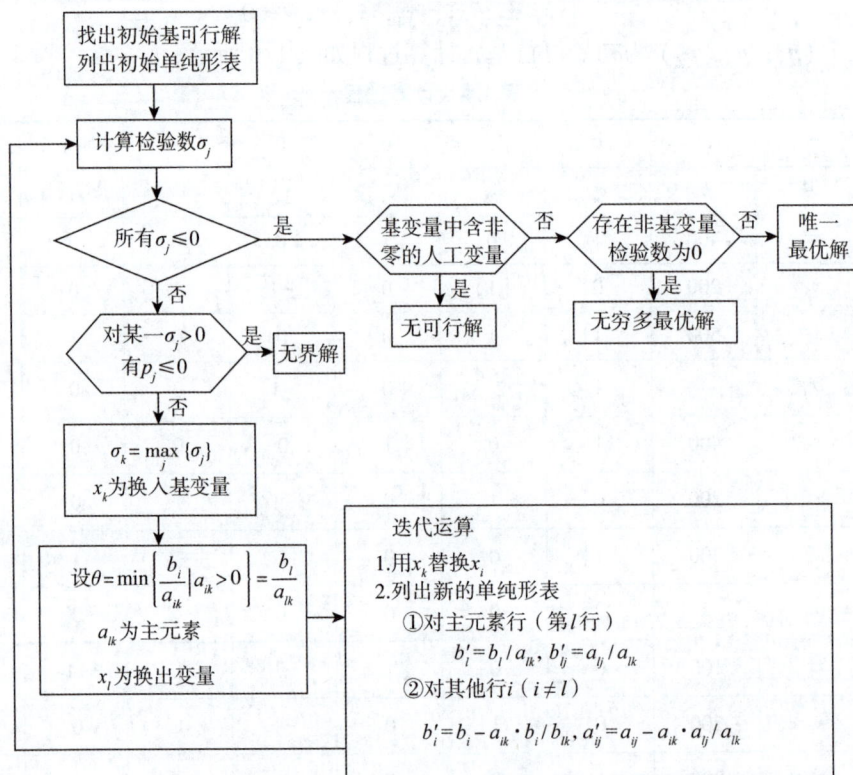

图 1.4　单纯形算法流程

第 5 节　应用案例

例 1.12　A、B、C 三种产品每吨分别可获利 2 000 元、3 000 元和 1 000 元，原材料每日消耗不能超过 3 吨，可利用劳动日固定不变(以"工时"计)，资料如表 1.8 所示。

表 1.8 各种产品相关资料

产品	A	B	C
占总工时比例	1/3	1/3	1/3
所需原材料/吨	1/3	4/3	7/3

试制订最大利润的日生产计划。

解 设三种产品日产量分别为 x_1，x_2，x_3，则

$$\max z = 2\,000x_1 + 3\,000x_2 + 1\,000x_3$$

$$\text{s. t.} \begin{cases} \dfrac{1}{3}x_1 + \dfrac{1}{3}x_2 + \dfrac{1}{3}x_3 \leqslant 1 \\ \dfrac{1}{3}x_1 + \dfrac{4}{3}x_2 + \dfrac{4}{3}x_3 \leqslant 3 \\ x_1,\ x_2,\ x_3 \geqslant 0 \end{cases}$$

例 1.13 有 A、B 两种产品，均要经过两道工序：A 在第一道工序加工 2 小时，第二道工序加工 3 小时，B 在第一道工序加工 3 小时，第二道工序加工 4 小时，两道工序可利用工时分别为 12 和 24。此外，每生产 1 吨 B 产品可得 2 吨副产品 C。A、B、C 每吨分别可营利 400 元、1 000 元、300 元，但 C 有可能售不出而作废料处理，处理费用为 200 元/吨。已知计划期内 C 的最大销量为 5 吨，试安排合理的生产计划。

解 设 A、B 的产量为 x_1，x_2，C 的销量为 x_3，报废为 x_4，则

目标函数：$\max z = 400x_1 + 1\,000x_2 + 300x_3 - 200x_4$；

B 与 C 产量关系：$x_3 + x_4 = 2x_2$，即 $-2x_2 + x_3 + x_4 = 0$；

C 的销量：$x_3 \leqslant 5$；

第一道工序限制：$2x_1 + 3x_2 \leqslant 12$；

第二道工序限制：$3x_1 + 4x_2 \leqslant 24$。

得 LP 模型

$$\max z = 400x_1 + 1\,000x_2 + 300x_3 - 200x_4$$

$$\text{s. t.} \begin{cases} -2x_2 + x_3 + x_4 = 0 \\ x_3 \leqslant 5 \\ 2x_1 + 3x_2 \leqslant 12 \\ 3x_1 + 4x_2 \leqslant 24 \\ x_1,\ x_2,\ x_3,\ x_4 \geqslant 0 \end{cases}$$

例 1.14 一个日夜服务旅店，每班服务员工作 8 小时，分为 6 班，每隔 4 小时换一班。具体班次服务员数需求如表 1.9 所示。

表 1.9 服务员数需求

班次	时间	最少需要人数
1	8：00—12：00	8
2	12：00—16：00	10
3	16：00—20：00	8

班次	时间	最少需要人数
4	20：00—00：00	5
5	00：00—4：00	2
6	4：00—8：00	4

试排出每班人数，使得在符合服务前提下，总人数最少。

解 设 x_i 为第 j 班应报到的服务员数，$j = 1, 2, \cdots, 6$（图 1.5）。

$$z = x_1 + x_2 + x_3 + x_4 + x_5 + x_6 = \sum_{i=1}^{6} x_i$$

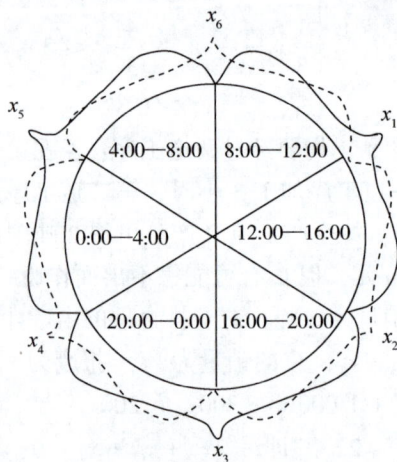

图 1.5 每班次应报到的服务员数

参照图 1.4，对照表 1.3 可得约束条件。

LP 模型为：

$$\min z = \sum_{i=1}^{6} x_i$$

$$\text{s. t.} \begin{cases} x_6 + x_1 \geqslant 8 \\ x_1 + x_2 \geqslant 10 \\ x_2 + x_3 \geqslant 8 \\ x_3 + x_4 \geqslant 5 \\ x_4 + x_5 \geqslant 2 \\ x_5 + x_6 \geqslant 4 \\ x_j \geqslant 0, \text{整数}, j = 1, 2, \cdots, 6 \end{cases}$$

例 1.15 三个车间共同生产一种产品，产品由零件 1 和零件 2 组成，比例为 4：3；所需 A、B 两种原材料，供应量为 300 千克和 500 千克，三个车间工艺不同，消耗的原材料以及零件产出量也不同，具体如表 1.10 所示。

表 1.10　消耗的原材料以及零件产出量数据

车间	每班用料/千克		每班产量/件	
	A	B	零件 1	零件 2
一车间	8	6	7	5
二车间	5	9	6	9
三车间	3	8	8	4

未能成套的零件可以入库，作为备用或用于销售。求三个车间各开工多少班，能使产品成套零件的套数最大？

解　设三个车间各开工 x_1，x_2，x_3 班。

原材料约束
$$8x_1 + 5x_2 + 3x_3 \leq 300$$
$$6x_1 + 9x_2 + 8x_3 \leq 500$$

零件 1 总产量：$7x_1 + 6x_2 + 8x_3$；

零件 2 总产量：$5x_1 + 9x_2 + 4x_3$。

考虑配套比例，它们与产品产量的关系为：产品产量不超过 $\dfrac{7x_1 + 6x_2 + 8x_3}{4}$ 和 $\dfrac{5x_1 + 9x_2 + 4x_3}{3}$ 中较小的一个，即产量

$$z = \min\left\{\frac{7x_1 + 6x_2 + 8x_3}{4}, \frac{5x_1 + 9x_2 + 4x_3}{3}\right\}$$

同时要求产量尽可能大。这样的目标函数是非线性的，不利于求解，要作必要的转换：

令 $x_4 = \min\left\{\dfrac{7x_1 + 6x_2 + 8x_3}{4}, \dfrac{5x_1 + 9x_2 + 4x_3}{3}\right\}$，相当于

$$\frac{7x_1 + 6x_2 + 8x_3}{4} \geq x_4, \quad 即\ 7x_1 + 6x_2 + 8x_3 - 4x_4 \geq 0$$

$$\frac{5x_1 + 9x_2 + 4x_3}{3} \geq x_4, \quad 即\ 5x_1 + 9x_2 + 4x_3 - 3x_4 \geq 0$$

于是，得到 LP 模型

$$\max z = x_4$$
$$\text{s. t.} \begin{cases} 8x_1 + 5x_2 + 3x_3 \leq 300 \\ 6x_1 + 9x_2 + 8x_3 \leq 500 \\ 7x_1 + 6x_2 + 8x_3 - 4x_4 \geq 0 \\ 5x_1 + 9x_2 + 4x_3 - 3x_4 \geq 0 \\ x_1,\ x_2,\ x_3,\ x_4 \geq 0 \end{cases}$$

例 1.16　某糖果厂用原料 A、B、C 加工成三种不同牌号的糖果甲、乙、丙。已知各种牌号糖果中原料 A、B、C 含量，原料成本，各种原料的每月限制用量，三种牌号糖果的单位加工费及售价，如表 1.11 所示。问该厂每月生产这三种牌号糖果各多少千克，才能使其获利最大。

表 1.11　三种牌号糖果的单位加工费及售价

原料	甲	乙	丙	原料成本/(元·千克$^{-1}$)	每月限制用量/千克
A	≥60%	≥30%		2.00	2 000
B				1.50	2 500
C	≤20%	≤50%	≤60%	1.00	1 200
加工费/(元·千克$^{-1}$)	0.50	0.40	0.30		
售价/(元·千克$^{-1}$)	3.40	2.85	2.25		

解　用 $i=1,2,3$ 分别代表原料 A、B、C，用 $j=1,2,3$ 分别代表甲、乙、丙三种糖果，x_{ij} 为生产第 j 种糖果耗用的第 i 种原料的千克数量。该厂的获利为三种牌号糖果的售价减去相应的加工费和原料成本，三种糖果的生产量 $x_甲$，$x_乙$，$x_丙$ 分别为

$$x_甲 = x_{11} + x_{21} + x_{31}$$
$$x_乙 = x_{12} + x_{22} + x_{32}$$
$$x_丙 = x_{13} + x_{23} + x_{33}$$

三种糖果的生产量受到原材料月供应量和原料含量成分的限制。于是，得到 LP 模型

$$\max z = (3.40 - 0.50)(x_{11} + x_{21} + x_{31}) + (2.85 - 0.40)(x_{12} + x_{22} + x_{32}) +$$
$$(2.25 - 0.30)(x_{13} + x_{23} + x_{33}) - 2.00(x_{11} + x_{12} + x_{13}) -$$
$$1.50(x_{21} + x_{22} + x_{23}) - 1.00(x_{31} + x_{32} + x_{33})$$
$$= 0.9x_{11} + 1.4x_{21} + 1.9x_{31} + 0.45x_{12} + 0.95x_{22} + 1.45x_{32} -$$
$$0.05x_{13} + 0.45x_{23} + 0.95x_{33}$$

$$\text{s. t.}\begin{cases} x_{11} + x_{12} + x_{13} \leqslant 2\ 000 \\ x_{21} + x_{22} + x_{23} \leqslant 2\ 500 \\ x_{31} + x_{32} + x_{33} \leqslant 1\ 200 \\ x_{11} \geqslant 0.6(x_{11} + x_{21} + x_{31}) \\ x_{31} \leqslant 0.2(x_{11} + x_{21} + x_{31}) \\ x_{12} \geqslant 0.3(x_{12} + x_{22} + x_{32}) \\ x_{32} \leqslant 0.5(x_{12} + x_{22} + x_{32}) \\ x_{33} \leqslant 0.6(x_{13} + x_{23} + x_{33}) \\ x_{ij} \geqslant 0(i=1,2,3; j=1,2,3) \end{cases}$$

习　题

1.1　把下列线性规划问题化为标准型。

(1)
$$\min z = 2x_1 - 2x_2 + 3x_3$$
$$\text{s. t.}\begin{cases} -x_1 + x_2 + x_3 = 4 \\ -2x_1 + x_2 - x_3 \leqslant 6 \\ x_1 \leqslant 0,\ x_2 \geqslant 0,\ x_3 \ \text{无约束} \end{cases}$$

(2)
$$\max z = 5x_1 + 6x_2$$
$$\text{s. t.}\begin{cases} x_1 + x_2 \geqslant 3 \\ 3x_1 + 2x_2 \geqslant 8 \\ 0 \leqslant x_1 \leqslant 6 \\ 0 \leqslant x_2 \leqslant 5 \end{cases}$$

$$\min z = -3x_1 + 4x_2 - 2x_3 + 5x_4$$

$$(3) \quad \text{s. t.} \begin{cases} 4x_1 - x_2 + 2x_3 - x_4 = -2 \\ x_1 + x_2 - x_3 + 2x_4 \leqslant 14 \\ -2x_1 + 3x_2 + x_3 - x_4 \geqslant 2 \\ x_1,\ x_2,\ x_3 \geqslant 0,\ x_4 \text{ 无约束} \end{cases}$$

$$\max z = 2x_1 + 3x_2 + 5x_3$$

$$(4) \quad \text{s. t.} \begin{cases} x_1 - x_2 - x_3 \geqslant -5 \\ -6x_1 + 7x_2 - 9x_3 = 15 \\ 19x_1 + 7x_2 + 5x_3 \leqslant 13 \\ x_1 \geqslant 0,\ x_2 \leqslant 0,\ x_3 \text{ 无约束} \end{cases}$$

1.2 用图解法求下列线性规划，并指出问题具有唯一最优解、无穷多最优解、无界解还是无可行解。

$$\min z = 2x_1 + 3x_2$$

$$(1) \quad \text{s. t.} \begin{cases} 2x_1 + x_2 \leqslant 2 \\ 2x_1 + 2x_2 \geqslant 4 \\ x_1,\ x_2 \geqslant 0 \end{cases}$$

$$\max z = 3x_1 + 2x_2$$

$$(2) \quad \text{s. t.} \begin{cases} 4x_1 + 6x_2 \geqslant 6 \\ 3x_1 + 4x_2 \geqslant 12 \\ x_1,\ x_2 \geqslant 0 \end{cases}$$

$$\max z = 3x_1 + 5x_2$$

$$(3) \quad \text{s. t.} \begin{cases} 6x_1 + 10x_2 \leqslant 120 \\ 5 \leqslant x_1 \leqslant 10 \\ 3 \leqslant x_2 \leqslant 10 \end{cases}$$

$$\max z = 5x_1 + 6x_2$$

$$(4) \quad \text{s. t.} \begin{cases} 2x_1 - x_2 \geqslant 2 \\ -2x_1 + 3x_2 \leqslant 2 \\ x_1,\ x_2 \geqslant 0 \end{cases}$$

1.3 找出线性规划问题所有基解，指出哪些是基可行解，并确定最优解。

$$\max z = 3x_1 + 5x_2$$

$$(1) \quad \text{s. t.} \begin{cases} x_1 + x_3 = 4 \\ 2x_2 + x_4 = 12 \\ 3x_1 + 2x_2 + x_5 = 18 \\ x_j \geqslant 0,\ j = 1,\ \cdots,\ 5 \end{cases}$$

$$\min z = 5x_1 - 2x_2 + 3x_3 + 2x_4$$

$$(2) \quad \text{s. t.} \begin{cases} x_1 + 2x_2 + 3x_3 + 4x_4 = 7 \\ 2x_1 + 2x_2 + x_3 + 2x_4 = 3 \\ x_j \geqslant 0,\ j = 1,\ \cdots,\ 4 \end{cases}$$

1.4 用单纯形法求线性规划。

$$\max z = 10x_1 + 5x_2$$

$$(1) \quad \text{s. t.} \begin{cases} 3x_1 + 4x_2 \leqslant 8 \\ -5x_1 + 2x_2 \leqslant 9 \\ x_1,\ x_2 \geqslant 0 \end{cases}$$

$$\max z = 3x_1 + 2x_2 + x_3$$

$$(2) \quad \text{s. t.} \begin{cases} x_1 + 5x_2 - x_3 \leqslant 30 \\ -x_1 + 2x_2 + 2x_3 \leqslant 40 \\ x_1,\ x_2,\ x_3 \geqslant 0 \end{cases}$$

1.5 用大 M 法或两阶段法求解线性规划问题。

$$\min z = 2x_1 + 3x_2 + x_3$$

$$(1) \quad \text{s. t.} \begin{cases} x_1 + 4x_2 + 2x_3 \geqslant 8 \\ 3x_1 + 2x_2 \geqslant 6 \\ x_1,\ x_2,\ x_3 \geqslant 0 \end{cases}$$

$$\max z = 10x_1 + 15x_2 + 12x_3$$

$$(2) \quad \text{s. t.} \begin{cases} 5x_1 + 3x_2 + x_3 \leqslant 9 \\ -5x_1 + 6x_2 + 15x_3 \leqslant 15 \\ 2x_1 + x_2 + x_3 \geqslant 5 \\ x_1,\ x_2,\ x_3 \geqslant 0 \end{cases}$$

1.6 补全单纯形表(见表 1.12)。

表 1.12 1.6 题表

$c_j \rightarrow$			( )	−1	2	0	0
C_B	基	b	x_1	x_2	x_3	x_4	x_5
0	x_4	6	( )	( )	( )	1	0
0	x_5	1	−1	3	( )	0	1
	$\sigma_j \rightarrow$		( )	−1	2	0	0
( )	x_1	( )	[( )]	2	−1	1/2	0
0	x_5	4	( )	( )	1	1/2	1
	σ_j		0	−7	( )	( )	( )

1.7 应用题。

一贸易公司专门经营某种杂粮的批发业务。公司现有库容 5 000 担的仓库。1 月 1 日，公司拥有库存 1 000 担杂粮，并有资金 20 000 元。估计第一季度杂粮价格如表 1.13 所示。

表 1.13 第一季度杂粮价格

月份	进货价/(元·担$^{-1}$)	出货价/(元·担$^{-1}$)
1	2.85	3.10
2	3.05	3.25
3	2.90	2.95

如买进的粮食当月到货，但需到下月才能卖出，且规定"货到付款"。公司希望本季末库存为 2 000 担。问：应采取什么样的买进与卖出策略使 3 个月总的获利最大？（列出问题的线性规划模型，不求解）

第 2 章

线性规划的对偶理论

线性规划理论是成对出现的，它们之间呈现一种"对偶"关系。线性规划问题的对偶关系中包含了许多重要规律，本章将其总结为 5 个对偶定理。通过对线性规划对偶理论的研究，可以得出求解线性规划的对偶单纯形法，与上一章中的单纯形法不同的是，对偶单纯形法并不是建立在初始可行基上的求解方法，它的初始解是线性规划的非可行解，随着迭代过程的推进，逐步靠向可行解，如果最终能够达到可行解，就得到了规划问题的最优解。对偶单纯形法一般不单独使用，引入它更重要的一个原因是对偶单纯形法可以解决线性规划中的灵敏度分析问题。

第 1 节　对偶问题

1.1　对偶问题的提出

例 2.1　在第 1 章例 1.1 中，讨论的是获利的问题，建立的线性规划模型为

$$\max z = 7x_1 + 12x_2$$

$$\text{s. t.} \begin{cases} 9x_1 + 4x_2 \leqslant 360 \\ 4x_1 + 5x_2 \leqslant 200 \\ 3x_1 + 10x_2 \leqslant 300 \\ x_1, \ x_2 \geqslant 0 \end{cases}$$

现在考虑这样的问题：企业停止 A 和 B 两种产品的生产，而将用于生产的资源转让出去，则转让的收费标准应当是确保转让后企业收入不少于原获利水平，寻求收费的最低限以占领转让市场。

按这样的标准，因 9 单位煤、4 千瓦时电、3 劳动日可以生产 1 千克 A 产品，每千克获利 7 元，则转让收入水平应不低于 7 元，于是可以把决策变量设为这些资源的单位收费（即每单位的转让价格）。

设三种资源煤、电、劳动日的单位收费依次为 y_1，y_2，y_3，根据前面的讨论，应有：

单位 A 产品：$9y_1 + 4y_2 + 3y_3 \geqslant 7$；

单位 B 产品：$4y_1 + 5y_2 + 10y_3 \geqslant 12$。

在保证收入不下降的条件下，求资源收费最低限 $\min w = 360y_1 + 200y_2 + 300y_3$，显然 y_1，y_2，$y_3 \geqslant 0$，得到一个新的线性规划模型

$$\min w = 360y_1 + 200y_2 + 300y_3$$

$$\text{s. t.} \begin{cases} 9y_1 + 4y_2 + 3y_3 \geqslant 7 \\ 4y_1 + 5y_2 + 10y_3 \geqslant 12 \\ y_1,\ y_2,\ y_3 \geqslant 0 \end{cases}$$

这个线性规划和原线性规划都来自同一个产品——资源消耗系数矩阵表(表1.1)，因此，本质上是同一个问题的两个不同侧面。将例1.1中的模型称为原规划，记作 LP，新模型称为原规划的对偶线性规划，简称对偶规划或对偶问题，记作 DLP。

1.2　原问题与对偶问题

为了更好地理解对偶问题，这里从数学的角度对例2.1中的模型，给出一般 DLP 形式。

矩阵形式下，原规划模型为

$$\max z = \boldsymbol{CX}$$

$$\text{s. t.} \begin{cases} \boldsymbol{AX} \leqslant b \\ \boldsymbol{X} \geqslant 0 \end{cases} \tag{2.1}$$

在用单纯形表进行求解时，先在约束条件 $\boldsymbol{AX} \leqslant b$ 左边加上松弛变量 $\boldsymbol{X}_S$，化为标准型

$$\max z = \boldsymbol{CX} + 0\boldsymbol{X}_S$$

$$\text{s. t.} \begin{cases} \boldsymbol{AX} + \boldsymbol{IX}_S = b \\ \boldsymbol{X},\ \boldsymbol{X}_S \geqslant 0 \end{cases}$$

将变量分为基变量 $\boldsymbol{X}_B$，非基变量 $\boldsymbol{X}_N$，基为 $\boldsymbol{B}$，则矩阵形式的单纯形表如表2.1所示。

表 2.1　矩阵形式的单纯形表

$\boldsymbol{C}$			$\boldsymbol{C}_B$	$\boldsymbol{C}_N$	0
$\boldsymbol{C}_B$	$\boldsymbol{X}_B$	b	$\boldsymbol{X}_B$	$\boldsymbol{X}_N$	$\boldsymbol{X}_S$
$\boldsymbol{C}_B$	$\boldsymbol{X}_B$	$\boldsymbol{B}^{-1}b$	$\boldsymbol{B}^{-1}\boldsymbol{B}$	$\boldsymbol{B}^{-1}\boldsymbol{N}$	$\boldsymbol{B}^{-1}\boldsymbol{I}$
	σ		$\boldsymbol{C}_B - \boldsymbol{C}_B\boldsymbol{B}^{-1}\boldsymbol{B}$	$\boldsymbol{C}_N - \boldsymbol{C}_B\boldsymbol{B}^{-1}\boldsymbol{N}$	$-\boldsymbol{C}_B\boldsymbol{B}^{-1}$

当 LP 有最优解时，检验数一行均" $\leqslant 0$"，令 $\boldsymbol{Y}^{\mathrm{T}} = \boldsymbol{C}_B\boldsymbol{B}^{-1}$，由 $-\boldsymbol{C}_B\boldsymbol{B}^{-1} \leqslant 0$，有

$$\boldsymbol{Y}^{\mathrm{T}} \geqslant 0 \tag{2.2}$$

再由 $(\boldsymbol{C}_B - \boldsymbol{C}_B\boldsymbol{B}^{-1}\boldsymbol{B},\ \boldsymbol{C}_N - \boldsymbol{C}_B\boldsymbol{B}^{-1}\boldsymbol{N}) = \boldsymbol{C} - \boldsymbol{C}_B\boldsymbol{B}^{-1}\boldsymbol{A} \leqslant 0$，有 $\boldsymbol{C} - \boldsymbol{Y}^{\mathrm{T}}\boldsymbol{A} \geqslant 0$，移项并转置得到

$$\boldsymbol{A}^{\mathrm{T}}\boldsymbol{Y} \geqslant \boldsymbol{C}^{\mathrm{T}} \tag{2.3}$$

此时 $\max z = \boldsymbol{C}_B\boldsymbol{X}_B = \boldsymbol{C}_B\boldsymbol{B}^{-1}b = \boldsymbol{Y}^{\mathrm{T}}b$，设 $z' = -z$，则 $\min z' = -y^{\mathrm{T}}b$，目标函数两边同时取相反数，有 $\min(-z') = \boldsymbol{Y}^{\mathrm{T}}b$，于是此时有另一个等价目标

$$\min \boldsymbol{Y}^{\mathrm{T}}b \tag{2.4}$$

综上，结合式(2.2)~式(2.4)，对于式(2.1)中的线性规划模型，对偶问题形式为

$$\min w = \boldsymbol{Y}^{\mathrm{T}}b$$

$$\text{s. t.} \begin{cases} \boldsymbol{A}^{\mathrm{T}}\boldsymbol{Y} \geqslant \boldsymbol{C}^{\mathrm{T}} \\ \boldsymbol{Y} \geqslant 0 \end{cases} \tag{2.5}$$

为了更清晰地说明原问题和对偶问题的关系，把例 2.1 中的 LP 和 DLP 用矩阵形式写出

原问题 LP

$$\max z = (7,\ 12)\begin{pmatrix} x_1 \\ x_2 \end{pmatrix}$$

$$\text{s. t.} \begin{cases} \begin{pmatrix} 9 & 4 \\ 4 & 5 \\ 3 & 10 \end{pmatrix} \begin{pmatrix} x_1 \\ x_2 \end{pmatrix} \leqslant \begin{pmatrix} 360 \\ 200 \\ 300 \end{pmatrix} \\ (x_1,\ x_2)^{\mathrm{T}} \geqslant 0 \end{cases}$$

对偶问题 DLP

$$\min w = (360,\ 200,\ 300)\begin{pmatrix} y_1 \\ y_2 \\ y_3 \end{pmatrix}$$

$$\text{s. t.} \begin{cases} \begin{pmatrix} 9 & 4 & 3 \\ 4 & 5 & 10 \end{pmatrix} \begin{pmatrix} y_1 \\ y_2 \\ y_3 \end{pmatrix} \geqslant \begin{pmatrix} 7 \\ 12 \end{pmatrix} \\ (y_1,\ y_2,\ y_3)^{\mathrm{T}} \geqslant 0 \end{cases}$$

对照发现：

(1)原问题中目标函数求极大，对偶问题中目标函数求极小。

(2)原问题中约束条件个数等于对偶问题中变量的个数，原问题中变量的个数等于对偶问题中约束条件的个数。

(3)原问题约束条件是"≤"号，对偶问题约束条件是"≥"号。

(4)原问题目标函数的系数是对偶问题约束条件的右端项，而原问题约束条件的右端项是对偶问题目标函数的系数。

因此，对于形如极大化问题(2.1)式，可以按照(2.5)式直接写出对偶问题。以此为基础，可以写出任何 LP 的 DLP。

例 2.2 写出 DLP。

原 LP 为

$$\max z = 10x_1 + 62x_2$$

$$\text{s. t.} \begin{cases} x_1 + x_2 \geqslant 1 \\ x_2 \leqslant 5 \\ x_1 \leqslant 6 \\ 7x_1 + 9x_2 \leqslant 63 \\ x_1,\ x_2 \geqslant 0 \end{cases}$$

解 先对 s. t. 作变换

$$\text{s. t.} \begin{cases} -x_1 - x_2 \leqslant -1 \\ x_2 \leqslant 5 \\ x_1 \leqslant 6 \\ 7x_1 + 9x_2 \leqslant 63 \\ x_1,\ x_2 \geqslant 0 \end{cases}$$

按规则，得到 DLP′

$$\min w = -y_1 + 5y_2 + 6y_3 + 63y_4$$

$$\text{s. t.} \begin{cases} -y_1 + y_3 + 7y_4 \geqslant 10 \\ -y_1 + y_2 + 9y_4 \geqslant 62 \\ y_1,\ y_2,\ y_3,\ y_4 \geqslant 0 \end{cases}$$

还原 DLP

$$\min w = y_1 + 5y_2 + 6y_3 + 63y_4$$

$$\text{s. t.} \begin{cases} y_1 + y_3 + 7y_4 \geqslant 10 \\ y_1 + y_2 + 9y_4 \geqslant 62 \\ y_1 \leqslant 0, \ y_2, \ y_3, \ y_4 \geqslant 0 \end{cases}$$

例 2.3 写出 DLP。

$$\max z = 5x_1 + 3x_2 + 2x_3 + 4x_4$$

$$\text{s. t.} \begin{cases} 5x_1 + x_2 + x_3 + 8x_4 = 10 \\ 2x_1 + 4x_2 + 3x_3 + 2x_4 = 10 \\ x_1, \ x_2, \ x_3, \ x_4 \geqslant 0 \end{cases}$$

解 先对约束条件作变换

约束方程组   对应对偶变量

$$\begin{cases} 5x_1 + x_2 + x_3 + 8x_4 \leqslant 10u_1 \\ -5x_1 - x_2 - x_3 - 8x_4 \leqslant -10u_2 \\ 2x_1 + 4x_2 + 3x_3 + 2x_4 \leqslant 10u_3 \\ -2x_1 - 4x_2 - 3x_3 - 2x_4 \leqslant -10u_4 \\ x_1, \ x_2, \ x_3, \ x_4 \geqslant 0 \end{cases}$$

按规则，得到 DLP′

$$\min w = 10u_1 - 10u_2 + 10u_3 - 10u_4$$

$$\text{s. t.} \begin{cases} 5u_1 - 5u_2 + 2u_3 - 2u_4 \geqslant 5 \\ u_1 - u_2 + 4u_3 - 4u_4 \geqslant 3 \\ u_1 - u_2 + 3u_3 - 3u_3 \geqslant 2 \\ 8u_1 - 8u_2 + 2u_2 - 2u_2 \geqslant 4 \\ u_1, \ u_2, \ u_3, \ u_4 \geqslant 0 \end{cases}$$

令 $y_1 = u_1 - u_2$，$y_2 = u_3 - u_4$，则 y_1，y_2 无符号限制。
还原 DLP

$$\min w = 10y_1 + 10y_2$$

$$\text{s. t.} \begin{cases} 5y_1 + 2y_2 \geqslant 5 \\ y_1 + 4y_2 \geqslant 3 \\ y_1 + 3y_2 \geqslant 2 \\ 8y_1 + 2y_2 \geqslant 4 \\ y_1, \ y_2 \ 自由 \end{cases}$$

由上面的例题可以归纳出原问题和对偶问题的对应关系，如表 2.2 所示。

表 2.2 原问题和对偶问题的对应关系

原 LP(或 DLP)	DLP(或原 LP)
Opt: max z	Opt: min w

续表

原 LP(或 DLP)	DLP(或原 LP)
约束的个数：m 个	对偶变量的个数：m 个
第 i 个方程为" $\leqslant$ "型	$y_i \geqslant 0$
第 i 个方程为" $\geqslant$ "型	$y_i \leqslant 0$
第 i 个方程为" $=$ "型	y_i 自由
决策变量个数：n 个	约束方程个数：n 个
$x_j \geqslant 0$	第 j 个方程为" $\geqslant$ "型
$x_j \leqslant 0$	第 j 个方程为" $\leqslant$ "型
x_j 自由	第 j 个方程为" $=$ "型

第 2 节　对偶理论

在本节的讨论中，假设线性规划的原问题和对偶问题分别如式(2.1)和式(2.5)所示，则原问题同对偶问题之间存在如下性质。

2.1　对称性

定理 1　（对称性定理）：对偶问题的对偶是原问题。

证明

$$
\begin{array}{l}
\max z = CX \\
\text{s. t.} \begin{cases} AX \leqslant b \\ X \geqslant 0 \end{cases}
\end{array}
\quad \xrightarrow{\text{对偶定义}} \quad
\begin{array}{l}
\min w = b^{\mathrm{T}}Y \\
\text{s. t.} \begin{cases} A^{\mathrm{T}}Y \geqslant C^{\mathrm{T}} \\ Y \geqslant 0 \end{cases}
\end{array}
$$

令 $z = -z'$；约束方程左右同乘以"-1"　　　　　令 $w = -w'$；约束方程左右同乘以"-1"

$$
\begin{array}{l}
\min z' = -CX \\
\text{s. t.} \begin{cases} -AX \geqslant -b \\ X \geqslant 0 \end{cases}
\end{array}
\quad \xleftarrow{\text{对偶定义}} \quad
\begin{array}{l}
\max w' = b^{\mathrm{T}}Y \\
\text{s. t.} \begin{cases} -A^{\mathrm{T}}Y \leqslant -C^{\mathrm{T}} \\ Y \geqslant 0 \end{cases}
\end{array}
$$

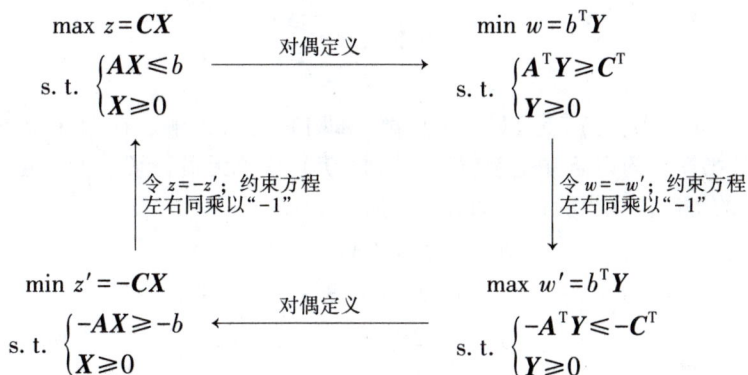

从上面的变化情况自然可以看出，原问题经过两次对偶变化又回到自身，所以说对偶关系是一种等价关系。若一个问题是原问题，则另一个就是对偶问题，如果我们把对偶问题称为原问题，则原问题可以称为它的对偶问题。

2.2　弱对偶性

定理 2　（弱对偶定理）：若 X，Y 分别是 LP 和 DLP 的可行解，则它们各自的目标函数总有 $z \leqslant w$。

证明　由假设 X，Y 分别是 LP 和 DLP 的可行解，则 X，Y 分别满足各自的约束条件，

有 $AX \le b$，$X \ge 0$ 和 $Y^{\mathrm{T}}A \ge C$，$Y \ge 0$ 成立。

由 $AX \le b$，$Y \ge 0$，可得

$$Y^{\mathrm{T}}AX \le Y^{\mathrm{T}}b$$

由 $Y^{\mathrm{T}}A \ge C$，$X \ge 0$，可得

$$Y^{\mathrm{T}}AX \ge CX$$

则 $CX \le Y^{\mathrm{T}}AX \le Y^{\mathrm{T}}b$，即 $z \le w$。

由弱对偶定理可以得出以下推论：

推论 1：原问题任意可行解的目标函数值是其对偶问题目标函数值的下界；反之，对偶问题任意可行解的目标函数值是其原问题目标函数值的上界。

推论 2：如原问题有可行解且目标函数值无界（$\max z \to +\infty$），则对偶问题无可行解；反之，对偶问题有可行解且目标函数值无界（$\min w \to -\infty$），则原问题无可行解。

推论 3：若原问题有可行解而对偶问题无可行解，则原问题的目标函数值无界；反之，对偶问题有可行解而原问题无可行解，则对偶问题的目标函数值无界。

例 2.4 原问题为

$$\max z = x_1 + x_2$$

$$\mathrm{s.\,t.} \begin{cases} -x_1 + x_2 + x_3 \le 2 \\ -2x_1 + x_2 - x_3 \le 2 \\ x_1,\ x_2,\ x_3 \ge 0 \end{cases}$$

解 其对偶问题为

$$\min w = 2y_1 + y_2$$

$$\mathrm{s.\,t.} \begin{cases} -y_1 - 2y_2 \ge 1 \\ y_1 + y_2 \ge 1 \\ y_1 - y_2 \ge 0 \\ y_1,\ y_2 \ge 0 \end{cases}$$

显然 $\overline{X} = (0,\ 0,\ 0)^{\mathrm{T}}$ 是 LP 的可行解，即 LP 有可行解。在 DLP 的约束条件中，y_1，$y_2 \ge 0$ 与其第一个约束条件是矛盾的，因此 DLP 应该无可行解。

对 LP 的解进行无界验证，如表 2.3 所示。

$$\max z = x_1 + x_2$$

$$\mathrm{s.\,t.} \begin{cases} -x_1 + x_2 + x_3 + x_4 \le 2 \\ -2x_1 + x_2 - x_3 + x_5 \le 1 \\ x_1,\ x_2,\ x_3,\ x_4,\ x_5 \ge 0 \end{cases}$$

表 2.3 例 2.4 表

	c_j		1	1	0	0	0
C_B	X_B	b	x_1	x_2	x_3	x_4	x_5
0	x_4	2	−1	1	1	1	0
0	x_5	1	−2	1	−1	0	1
	σ_j		1	1	0	0	0

表中 $\sigma_1 = 1 > 0$，而 $p_1 < 0$，故 LP 无有限最优解，即 z 无界。

2.3　最优性

定理 3　（最优性定理）：若 X，Y 分别是 LP 和 DLP 的可行解，且有 $CX = Y^{\mathrm{T}}b$，则 X，Y 分别是 LP 和 DLP 的最优解。

证明　由定理 2 可知，对于 LP 和 DLP 的可行解 X，Y 有 $CX \leqslant Y^{\mathrm{T}}b$ 成立。

设 $\overline{X}$ 是 LP 的任意可行解，则有 $C\overline{X} \leqslant Y^{\mathrm{T}}b$。由已知条件 $CX = Y^{\mathrm{T}}b$，则

$$C\overline{X} \leqslant CX$$

即 X 的目标函数值比任意可行解 $\overline{X}$ 的目标函数值都大，故 X 是 LP 的最优解。

同理，设 $\overline{Y}$ 是 DLP 的任意可行解，则 $CX \leqslant \overline{Y}^{\mathrm{T}}b$，又已知 $CX = Y^{\mathrm{T}}b$，则

$$Y^{\mathrm{T}}b \leqslant \overline{Y}^{\mathrm{T}}b$$

说明 Y 的目标函数值比任意可行解 $\overline{Y}$ 的目标函数值都大，故 Y 是 DLP 的最优解。

2.4　强对偶性

定理 4　（强对偶定理）：若 LP 和 DLP 均有可行解，则两者均具有最优解，且它们的最优值相等。

证明　由已知设 X，Y 分别是 LP 和 DLP 的可行解，根据定理 2 中的推论 1，LP 的目标函数值具有上界，DLP 的目标函数值具有下界，因此两者均具有最优解。

当 LP 为最优解时，由式（2.5）可知，DLP 的解为可行解，且有 $z = w$。根据定理 3 可知，此时 X，Y 分别是 LP 和 DLP 的最优解。

定理 5　给出了原问题和对偶问题的最优值的关系，那么它们之间最优解的关系可以由前面的推导过程得出。在用单纯形法求原问题时，若得到最优解 X^*，对应的最优基为 B，那么对偶问题的最优解为 $Y^* = C_B B^{-1}$。

2.5　互补松弛性

为了更好地描述及证明互补松弛性，下面先给出式（2.1）和式（2.5）的代数形式。
原问题

$$\max z = \sum_{j=1}^{n} c_j x_j$$

$$\mathrm{s.\,t.} \begin{cases} \sum_{j=1}^{n} a_{ij}x_j \leqslant b_i(i = 1,\ 2,\ \cdots,\ m) \\ x_j \geqslant 0\ (j = 1,\ 2,\ \cdots,\ n) \end{cases}$$

对偶问题

$$\min w = \sum_{i=1}^{m} b_i y_i$$

$$\text{s. t.} \begin{cases} \sum_{i=1}^{m} a_{ji} y_i \geqslant c_j, & j = 1, 2, \cdots, n \\ y_i \geqslant 0, & i = 1, 2, \cdots, m \end{cases}$$

定理 6 （互补松弛定理）：设 $\boldsymbol{X}^*$, $\boldsymbol{Y}^*$ 分别为 LP 和 DLP 的最优解，则：

如果 $y_i^* > 0$，则 $\sum_{j=1}^{n} a_{ij} x_j^* = b_i$；反之，如果 $\sum_{j=1}^{n} a_{ij} x_j^* < b_i$，则 $y_i^* = 0$。

如果 $x_j^* > 0$，则 $\sum_{i=1}^{m} a_{ij} y_j^* = c_j$；反之，如果 $\sum_{i=1}^{m} a_{ij} y_i^* > c_j$，则 $x_j^* = 0$。

证明 因为 $\boldsymbol{X}^*$, $\boldsymbol{Y}^*$ 分别是原问题和对偶问题的最优解，则显然也是可行解。故：

$$\boldsymbol{CX}^* = \boldsymbol{X}^{*\mathrm{T}} \boldsymbol{C}^{\mathrm{T}} \leqslant \boldsymbol{X}^{*\mathrm{T}} \boldsymbol{A}^{\mathrm{T}} \boldsymbol{Y}^* = (\boldsymbol{AX}^*)^{\mathrm{T}} \boldsymbol{Y}^* \leqslant \boldsymbol{b}^{\mathrm{T}} \boldsymbol{Y}^*$$

由强对偶定理知，$\boldsymbol{CX}^* = \boldsymbol{b}^{\mathrm{T}} \boldsymbol{Y}^*$，也即上述不等式的左右两侧严格相等，故中间的不等号也要取严格等号，即 $(\boldsymbol{AX}^*)^{\mathrm{T}} \boldsymbol{Y}^* = \boldsymbol{b}^{\mathrm{T}} \boldsymbol{Y}^*$，所以：

$$0 = \boldsymbol{b}^{\mathrm{T}} \boldsymbol{Y}^* - (\boldsymbol{AX}^*)^{\mathrm{T}} \boldsymbol{Y}^* = (\boldsymbol{b} - \boldsymbol{AX}^*)^{\mathrm{T}} \boldsymbol{Y}^* = \sum_{i=1}^{m} \left[y_i^* \left(b_i - \sum_{j=1}^{n} a_{ij} x_{ij}^* \right) \right]$$

因为 $y_i^* > 0$, $b_i - \sum_{j=1}^{n} a_{ij} x_{ij}^* \geqslant 0$，故 $y_i^* \left(b_i - \sum_{j=1}^{n} a_{ij} x_{ij}^* \right) \geqslant 0$，而

$\sum_{i=1}^{m} \left[y_i^* \left(b_i - \sum_{j=1}^{n} a_{ij} x_{ij}^* \right) \right] = 0$,

所以对于所有 i，都有 $y_i^* \left(b_i - \sum_{j=1}^{n} a_{ij} x_{ij}^* \right) = 0$，即如果 $y_i^* > 0$，则 $\sum_{j=1}^{n} a_{ij} x_j^* = b_i$；如果

$\sum_{j=1}^{n} a_{ij} x_j^* < b_i$，则 $y_i^* = 0$。

同理可证：如果 $x_j^* > 0$，则 $\sum_{i=1}^{m} a_{ij} y_j^* = c_j$；反之，如果 $\sum_{i=1}^{m} a_{ij} y_i^* > c_j$，则 $x_j^* = 0$。

通俗地讲，互补松弛定理是指变量同其对偶问题的约束方程之间至多只能够有一个取松弛的情况；当其中一个取松弛的情况时，另一个变量紧，即取严格等号。

例 2.5 利用松弛定理求解下面的线性规划。

$$\max z = x_1 + 2x_2 + 3x_3 + 4x_4$$

$$\text{s. t.} \begin{cases} x_1 + 2x_2 + 2x_3 + 3x_4 \leqslant 20 \\ 2x_1 + x_2 + 3x_3 + 2x_4 \leqslant 20 \\ x_1, x_2, x_3, x_4 \geqslant 0 \end{cases}$$

解 先写出 DLP

$$\min w = 20y_1 + 20y_2$$

$$\text{s. t.} \begin{cases} y_1 + 2y_2 \geqslant 1 & (1) \\ 2y_1 + y_2 \geqslant 2 & (2) \\ 2y_1 + 3y_2 \geqslant 3 & (3) \\ 3y_1 + 2y_2 \geqslant 4 & (4) \\ y_1, y_2 \geqslant 0 \end{cases}$$

利用图解法求得最优解 $y_1^* = 1.2$, $y_2^* = 0.2$, $w^* = 28$。

将 y_1^* 和 y_2^* 代入 s. t.

(1)式：左边 = 1.2 + 2 × 0.2 = 1.6 > 1(左边>右边)，是严格不等式，$y_{s1}^* \neq 0$，则 $x_1^* = 0$。

(2)式：左边 = 2 × 1.2 + 0.2 = 2.6 > 2(左边>右边)，是严格不等式，$y_{s2}^* \neq 0$，则 $x_2^* = 0$。

(3)式：左边 = 2 × 1.2 + 3 × 0.2 = 3(左边 = 右边)，$y_{s3}^* = 0$，则 $x_3^* \geq 0$。

(4)式：左边 = 3 × 1.2 + 2 × 0.2 = 4(左边 = 右边)，$y_{s4}^* = 0$，则 $x_4^* \geq 0$。

又 y_1^*，$y_2^* > 0$，故应有 $x_{s1}^* = 0$，$x_{s2}^* = 0$，即原 LP 可作

$$\begin{cases} 2x_3^* + 3x_4^* = 20 \\ 3x_3^* + 2x_4^* = 20 \end{cases}$$

解得 $x_3^* = 4$，$x_4^* = 4$。

原 LP 最优解为：$\boldsymbol{X}^* = (0, 0, 4, 4)^{\mathrm{T}}$，最优值为 $z^* = w^* = 28$。

例 2.6　对例 1.9 中的线性规划用互补松弛定理求对偶问题的最优解。

$$\max z = 2x_1 + x_2$$

$$\text{s. t.} \begin{cases} 2x_1 \leq 15 & (1) \\ 6x_1 + 2x_2 \leq 24 & (2) \\ x_1 + x_2 \leq 5 & (3) \\ x_1, \ x_2 \geq 0 & (4) \end{cases}$$

解　对偶问题为

$$\min w = 15y_1 + 24y_2 + 5y_3$$

$$\text{s. t.} \begin{cases} 6y_2 + y_3 \geq 2 \\ 5y_1 + 2y_2 + y_3 \geq 1 \\ y_1, \ y_2, \ y_3 \geq 0 \end{cases}$$

已知原问题的最优解 $\boldsymbol{X}^* = \left(\dfrac{7}{2}, \ \dfrac{3}{2}, \ \dfrac{15}{2}, \ 0, \ 0 \right)^{\mathrm{T}}$，依次代入原规划中的约束条件

(1)式：$2x_1 = 7 < 15$，则 $y_1 = 0$。

(2)式：$6x_1 + 2x_2 = 24$，则 $y_2 \geq 0$。

(3)式：$x_1 + x_2 = 5$，则 $y_3 \geq 0$。

(4)式：$x_1 = \dfrac{7}{2} > 0$，$x_2 = \dfrac{3}{2} > 0$ 则 $6y_2 + y_3 = 2$，$5y_1 + 2y_2 + y_3 = 1$。

综上，联立(1)~(4)式，求解方程组

$$\begin{cases} 6y_2 + y_3 = 2 \\ 2y_2 + y_3 = 1 \end{cases}$$

得到 $y_2 = \dfrac{1}{4}$，$y_3 = \dfrac{1}{2}$，因此对偶问题的最优解为 $\boldsymbol{Y}^* = \left(0, \ \dfrac{1}{4}, \ \dfrac{1}{2}, \ 0, \ 0 \right)^{\mathrm{T}}$，将 $\boldsymbol{X}^*$，$\boldsymbol{Y}^*$ 分别代入各自的目标函数中，得到最优值 $z^* = w^* = 8.5$。

用单纯形法对比例 2.6 中两个问题的最终单纯形表，如表 2.4 和表 2.5 所示。

表 2.4　原问题最终表

c_j			2	1	0	0	0
C_B	X_B	b	x_1	x_2	x_3	x_4	x_5
0	x_3	15/2	0	0	1	5/4	− 15/2
2	x_1	7/2	1	0	0	1/4	− 1/2
1	x_2	3/2	0	1	0	− 1/4	3/2
σ_j			0	0	0	− 1/4	− 1/2

表 2.5　对偶问题最终表

c_j			15	24	5	0	0
C_B	Y_B	b	y_1	y_2	y_3	y_4	y_5
24	y_2	1/4	− 5/4	1	0	− 1/4	1/4
5	y_3	1/2	15/2	0	1	1/2	− 3/2
σ_j			15/2	0	0	7/2	3/2

从表 2.4 和表 2.5 中可以清楚看出原问题和对偶问题的变量之间的对应关系，同时根据对偶问题的性质，只需要求解其中一个问题，即可从最优解的单纯形表中得到另一个问题的最优解，即

（1）对于极大化问题，其最终表检验数的相反数是对偶问题最优解。

（2）对于极小化问题，其最终表检验数是对偶问题最优解。

第 3 节　对偶单纯形法

3.1　对偶单纯形法的基本思想

在学习完对偶问题的基本定理后，可以重新审视单纯形表计算的实质。用单纯形法得到原问题的一个基可行解的同时，在检验数行可以得到对偶问题的一个基解，并且分别将两个解代入各自的目标函数时，值相等。单纯形法计算的基本思想是在保持原问题为可行解（这时一般对偶问题为非可行解）的基础上，通过迭代增大目标函数，当对偶问题的解也为可行解时，就达到了目标函数的最优值。所谓对偶单纯形法（Dual Simplex Method）就是将单纯形法应用于对偶问题的计算，基本思想是在保持对偶问题为可行解（这时一般原问题为非可行解）的基础上，通过迭代减少目标函数，当原问题也达到可行解时，便得到了目标函数的最优值。

值得注意的是，对偶单纯形法是用于求解原问题的方法，使用条件需要满足以下两点：

（1）化约束方程为"="后，向量 b 非正（含有负分量）。

（2）对极大化问题，检验数 $\sigma \leqslant 0$；对极小化问题，检验数 $\sigma \geqslant 0$。

3. 2　对偶单纯形法的计算步骤

对偶单纯形法的一般计算步骤为：

第一步：根据原问题列出单纯形表，分三种情况。

（1）若 $b \geq 0$，对极大化问题，检验数 $\sigma \leq 0$；或对极小化问题，检验数 $\sigma \geq 0$，则为最优解。

（2）若 $b \geq 0$，对极大化问题，检验数 $\sigma \geq 0$；或对极小化问题，检验数 $\sigma \leq 0$，则用单纯形法继续求解。

（3）若 $b \leq 0$，对极大化问题，检验数 $\sigma \leq 0$；或对极小化问题，检验数 $\sigma \geq 0$，则转下一步。

第二步：确定出基变量，取 b 列最小负数对应的变量 x_l 为出基变量。

第三步：确定入基变量，用检验数 σ_j 除以换出行的对应负系数 $a_{lj}(a_{lj} < 0)$，即

$$\theta = \min_j \left\{ \frac{\sigma_j}{a_{lj}} \,|\, a_{lj} < 0 \right\} = \frac{\sigma_k}{a_{lk}}$$

选取最小的商对应的变量 x_k 为入基变量。

第四步：用换入变量替换出变量，得到一个新的基，对新基再检验 b 的情况，回到第一步。

下面举例说明对偶单纯形法的计算步骤。

例 2. 7　求解下面的线性规划问题。

$$\min z = 2x_1 + 3x_2 + 4x_3$$

$$\text{s. t.} \begin{cases} x_1 + 2x_2 + x_3 \geq 3 \\ 2x_1 - x_2 + 3x_3 \geq 4 \\ x_1,\ x_2,\ x_3 \geq 0 \end{cases}$$

解　对原 LP 进行变换

$$\max z = -2x_1 - 3x_2 - 4x_3$$

$$\text{s. t.} \begin{cases} -x_1 - 2x_2 - x_3 + x_4 = -3 \\ -2x_1 + x_2 - 3x_3 + x_5 = -4 \\ x_1,\ x_2,\ x_3,\ x_4,\ x_5 \geq 0 \end{cases}$$

取 $B_0 = (p_4,\ p_5)$ 为初始基，计算过程如表 2.6 所示。

表 2.6　计算过程

	c_j		-2	-3	-4	0	0
C_B	X_B	b	x_1	x_2	x_3	x_4	x_5
0	x_4	-3	-1	-2	-1	1	0
0	x_5	$-4^{\checkmark}$	$[-2]$	1	-3	0	1
	σ_j		-2	-3	-4	0	0
	σ_j/a_{lj}		$1^{\checkmark}$	—	$4/3$	—	—
0	x_4	$-1^{\checkmark}$	0	$[-5/2]$	$1/2$	1	$-1/2$

		c_j	-2	-3	-4	0	0
-2	x_1	2	1	-1/2	3/2	0	-1/2
	σ_j		0	-4	-1	0	-1
	σ_j/a_{lj}		—	8/5$^\vee$	—	—	2
-3	x_2	2/5	0	1	-1/5	-2/5	1/5
-2	x_1	11/5	1	0	7/5	-1/5	-2/5
	σ_j		0	0	-3/5	-8/5	-1/5

最优解为 $X^* = (11/5,\ 2/5,\ 0,\ 0,\ 0)^\mathrm{T}$，$z^* = 28/5$。

例 2.8 一个"节省"人工变量的典型例题。

$$\min z = 4x_1 + x_2$$

$$\text{s. t.} \begin{cases} 3x_1 + x_2 = 3 \\ 4x_1 + 3x_2 \geq 6 \\ x_1 + 2x_2 \leq 3 \\ x_1,\ x_2 \geq 0 \end{cases}$$

解 先对约束条件作变换

$$\text{s. t.} \begin{cases} 3x_1 + x_2 = 3 \\ 4x_1 + 3x_2 - x_4 = 6 \\ x_1 + 2x_2 + x_5 = 3 \\ x_1,\ x_2,\ x_4,\ x_5 \geq 0 \end{cases}$$

引进人工变量 x_3（第二个方程不再需要人工变量），计算过程如表 2.7 所示。

$$\min z = 4x_1 + x_2 + Mx_3$$

$$\text{s. t.} \begin{cases} -3x_1 - x_2 + x_3 = -3 \leftarrow \times (-1),\ \text{以使} \ \sigma_j \geq 0 \\ -4x_1 - 3x_2 + x_4 = -6 \\ x_1 + 2x_2 + x_5 = 3 \\ x_1,\ x_2,\ x_3,\ x_4,\ x_5 \geq 0 \end{cases}$$

表 2.7 例 2.8 表

	c_j		4	1	M	0	0
C_B	X_B	b	x_1	x_2	x_3	x_4	x_5
M	x_3	-3	-3	-1	1	0	0
0	x_4	-6$^\vee$	-4	[-3]	0	1	0
0	x_5	3	1	2	0	0	1
	σ_j		4+3M	1+M	0	0	0
	σ_j/a_{lj}		-1-3/4M	-1/3-1/3M	—	—	—
M	x_3	-1$^\vee$	-5/3	0	1	[-1/3]	0

	c_j		4	1	M	0	0
1	x_2	2	4/3	1	0	-1/3	0
0	x_5	-1	-5/3	0	0	2/3	1
	σ_j		8/3+5/3M	0	0	1/3+1/3M	0
	σ_j/a_{lj}		-8/5-M	—	—	-1-M$^{\vee}$	0
0	x_4	3	5	0	-3	1	0
1	x_2	3	3	1	-1	0	0
0	x_5	-3$^{\vee}$	[-5]	0	2	0	1
	σ_j		1	0	M+1	0	0
	σ_j/a_{lj}		-1/5	—	—	—	—
0	x_4	0	0	0	-1	1	0
1	x_2	6/5	0	1	1/5	0	3/5
4	x_1	3/5	1	0	-2/5	0	-1/5
	σ_j		0	0	M+7/5	0	1/5

得 $X^* = (3/5, 6/5)^{\mathrm{T}}$, $z^* = 18/5$。

第 4 节　灵敏度分析

经过前面的讨论，已经解决了线性规划的求解问题，现在要研究线性规划解的稳定性问题，即灵敏度分析。

对于一个线性规划问题

$$\max z = CX$$
$$\text{s. t.} \begin{cases} AX = b \\ X \geq 0 \end{cases} \tag{2.6}$$

都假定问题中的 A，b，C 为已知常数，但在实际问题中，这些数据本身不仅很难准确得到，而且往往要受到诸如市场价格波动、资源供应量变化、企业的技术改造等因素的影响。因此，很自然地要提出这样的问题，当这些数据有一个或多个发生变化时，对已找到的最优解或最优基会产生怎样的影响；或者说这些数据在什么范围变化，已找到的最优解或最优基不变；以及在最优解或最优基不再是最优时，如何求出新的最优解或最优基。这就是灵敏度分析所要解决的问题。

当然，若线性规划问题中的一个或几个参数变化时，可以用单纯形法从头计算，但这样做既麻烦又没有必要。因为前面已经讲到，单纯形法的迭代计算是从一组基变量变换为另一组基变量，表中每步迭代得到的数字只随基变量的不同选择而改变，因此有可能把个别参数的变化直接在计算得到最优解的单纯形表上反映出来。这样就不需要从头计算，而直接对计算得到最优解的单纯形表进行审查，看一些数字变化后，是否满足最优解的条件，如果不满足，再从这个表开始进行迭代计算，求得新的最优解。

下面分别就各类参数改变后的情形进行讨论。

4.1　分析 C 的变化

对式(2.6)列单纯形表进行分析，如表 2.8 所示。

表 2.8　单纯形表分析

	C		C_B	C_N
C_B	X_B	b	X_B	X_N
C_B	X_B	$B^{-1}b$	$B^{-1}B$	$B^{-1}N$
	σ		$C_B - C_B B^{-1}B$	$C_N - C_B B^{-1}N$

当目标函数中的参数 C 发生变化，仅带来检验数 σ 的变化，对最优表中的最优解 $B^{-1}b$ 和最优基 $B^{-1}N$ 没有影响。记改变量为 ΔC，分两种情况进行说明。

1. 非基变量的系数 C_N 变化

非基变量的系数 C_N 变化如表 2.9 所示。

表 2.9　非基变量的系数 C_N 变化

	C		C_B	$C_N + \Delta C$
C_B	X_B	b	X_B	X_N
C_B	X_B	$B^{-1}b$	$B^{-1}B$	$B^{-1}N$
	σ'		0	$C_N + \Delta C - C_B B^{-1}N$

此时基变量的检验数仍然为零，如果要使原线性规划问题的解的最优性不变，则非基变量新的检验数

$$\sigma_N' = C_N + \Delta C - C_B B^{-1}N = \Delta C + \sigma_N \leqslant 0$$

即 $\Delta C \leqslant -\sigma_N$。

对于极小化问题，则 $\Delta C \geqslant -\sigma_N$。

由于改变的是非基变量的系数，所以最优值不变。

2. 基变量的系数 C_B 变化

基变量的系数 C_B 变化如表 2.10 所示。

表 2.10　基变量的系数 C_B 变化

	C		$C_B + \Delta C$	C_N
C_B	X_B	b	X_B	X_N
$C_B + \Delta C$	X_B	$B^{-1}b$	$B^{-1}B$	$B^{-1}N$
	σ'		0	$C_N - (C_B + \Delta C)B^{-1}N$

此时基变量的检验数仍然为零，如果要使原线性规划问题的解的最优性不变，则非基变量新的检验数

$$\sigma'_N = C_N - (C_B + \Delta C)B^{-1}N = C_N - C_B B^{-1} N - \Delta C B^{-1} N = \sigma_N - \Delta C B^{-1} N \leqslant 0$$

即 $\Delta C B^{-1} N \geqslant \sigma_N$。

在单纯形表中 $B^{-1}N$ 是约束矩阵中非基变量的系数，用 a_{ij} 表示。若分量 $a_{ij} > 0$，则 $\Delta C \geqslant \dfrac{\sigma_j}{a_{ij}}$；若分量 $a_{ij} < 0$，则 $\Delta C \leqslant \dfrac{\sigma_j}{a_{ij}}$。综上，得出

$$\max_j \left\{ \frac{\sigma_j}{a_{ij}} \mid a_{ij} > 0 \right\} \leqslant \Delta C \leqslant \min_j \left\{ \frac{\sigma_j}{a_{ij}} \mid a_{ij} < 0 \right\}$$

同理，对于极小化问题，则 $\max\limits_j \left\{ \dfrac{\sigma_j}{a_{ij}} \mid a_{ij} < 0 \right\} \leqslant \Delta C \leqslant \min\limits_j \left\{ \dfrac{\sigma_j}{a_{ij}} \mid a_{ij} > 0 \right\}$。

由于改变的是基变量的系数，所以最优值会改变。

例 2.9　已知最优单纯形表，要求对 c_1 及 c_3 进行灵敏度分析，如表 2.11 所示。

表 2.11　例 2.9 表

	c_j		2	1	−1	0	0
C_B	X_B	b	x_1	x_2	x_3	x_4	x_5
2	x_1	12/5	1	0	−1/5	2/5	−1/5
1	x_2	14/5	0	1	−2/5	−1/5	3/5
	σ_j		0	0	−1/5	−3/5	−1/5

解　x_3 是非基变量，设 $c'_3 = c_3 + \Delta c_3 = -1 + \Delta c_3$。

$\Delta c_3 \leqslant -\sigma_3 = -(-1/5)$，即 $\Delta c_3 \leqslant 1/5$。

X_1 是基变量，设 $c'_1 = c_1 + \Delta c_1 = 2 + \Delta c_1$

$$\max_j \left\{ \left(\frac{-3}{5} \right) \Big/ \left(\frac{2}{5} \right) \right\} \leqslant \Delta c_1 \leqslant \min_j \left\{ \left(\frac{-1}{5} \right) \Big/ \left(\frac{-1}{5} \right) \right\}$$

即 $-3/2 \leqslant \Delta c_1 \leqslant 1$。

若 $\Delta c_1 = -9/5$，即 $c'_1 = 1/5$，则最优解发生了改变，把 $c'_1 = 1/5$ 代入原来的最优单纯形表中，求出新的检验数，并继续迭代，如表 2.12 所示。

表 2.12　例 2.9 分析

	c_j		1/5	1	−1	0	0
C_B	X_B	b	x_1	x_2	x_3	x_4	x_5
1/5	x_1	12/5	1	0	−1/5	2/5	−1/5
1	x_2	14/5	0	1	−2/5	−1/5	3/5
	σ_j		0	0	−14/25	3/25	−14/25
0	x_4	6	5/2	0	−1/2	1	−1/2
1	x_2	4	1/2	1	−1/2	0	1/2
	σ_j		−3/10	0	−1/2	0	−1/2

得到新的最优解：$\boldsymbol{X}^* = (0,\ 4,\ 0,\ 6,\ 0)^{\mathrm{T}}$。

4.2 分析 b 的变化

分析 b 的变化如表 2.13 所示。

表 2.13 分析 b 的变化

	C			C_B	C_N
C_B	X_B	b		X_B	X_N
C_B	X_B	$B^{-1}(b + \Delta b)$		$B^{-1}B$	$B^{-1}N$
	σ			0	$C_N - C_B B^{-1}N$

当右端向量 b 发生变化时，对检验数、系数矩阵都没有影响，但会造成基变量取值的变化。

若新的基解 $X_B = B^{-1}(b + \Delta b) \geqslant 0$，则它就是最优解，此时最优基不变，仍为 $B^{-1}N$；若 $X_B = B^{-1}(b + \Delta b) \leqslant 0$，则用对偶单纯形法进行迭代。$B^{-1}$ 是最优表中松弛变量对应的列。

例 2.10 分析例 1.1 中用电限制 $b_2 = 200$ 的灵敏度，如表 2.14 所示。

表 2.14 用电限制灵敏度

项目		c_j		7	12	0	0	0
	C_B	X_B	b	x_1	x_2	x_3	x_4	x_5
初始表	0	x_3	360	9	4	1	0	0
	0	x_4	200	4	5	0	1	0
	0	x_5	300	3	[10]	0	0	1
		σ_j		7	$12^{\vee}$	0	0	0
			$\vdots$					
最优表	0	x_3	84	0	0	1	−3.12	1.16
	7	x_1	20	1	0	0	0.4	−0.2
	12	x_2	24	0	1	0	−0.12	0.16
		σ_j		0	0	0	−1.36	−0.52

解 $b_2' = b_2 + \Delta b_2 = 200 + \Delta b_2$。

$$\boldsymbol{B}^{-1} = \begin{bmatrix} 1 & -3.12 & 1.16 \\ 0 & 0.4 & -0.2 \\ 0 & -0.12 & 0.16 \end{bmatrix}$$

$$\boldsymbol{B}^{-1}b + \boldsymbol{B}^{-1}\begin{bmatrix} 0 \\ \Delta b_2 \\ 0 \end{bmatrix} = \begin{bmatrix} 84 \\ 20 \\ 24 \end{bmatrix} + \begin{bmatrix} 1 & -3.12 & 1.16 \\ 0 & 0.4 & -0.2 \\ 0 & -0.12 & 0.16 \end{bmatrix}\begin{bmatrix} 0 \\ \Delta b_2 \\ 0 \end{bmatrix} \geqslant 0$$

即 $\begin{cases} 84 - 3.12\Delta b_2 \geqslant 0 \\ 20 + 0.4\Delta b_2 \geqslant 0 \\ 24 - 0.12\Delta b_2 \geqslant 0 \end{cases}$ 解得 $\begin{cases} \Delta b_2 \leqslant 26.9 \\ \Delta b_2 \geqslant -50 \\ \Delta b_2 \leqslant 200 \end{cases}$

亦可直接代公式

$$\max\left\{-\frac{20}{0.4}\right\} \leqslant \Delta b_2 \leqslant \min\left\{\frac{-84}{-3.12}, \frac{-24}{-0.12}\right\}$$

即 $-50 \leqslant \Delta b_2 \leqslant 26.9$。

若 $b_2 = 250$，即 $\Delta b_2 = 50$ 时，则最优解发生了改变

$$\boldsymbol{B}^{-1}b' = \boldsymbol{B}^{-1}b + \boldsymbol{B}^{-1}\begin{bmatrix} 0 \\ 50 \\ 0 \end{bmatrix} = \begin{bmatrix} 84 \\ 20 \\ 24 \end{bmatrix} + \begin{bmatrix} -3.12 \\ 0.4 \\ -0.12 \end{bmatrix} \times 50 = \begin{bmatrix} -72 \\ 40 \\ 18 \end{bmatrix}$$

解析过程如表 2.15 所示。

表 2.15　例 2.10 分析

c_j			7	12	0	0	0
C_B	X_B	b	x_1	x_2	x_3	x_4	x_5
0	x_3	−72	0	0	1	[−3.12]	1.16
7	x_1	40	1	0	0	0.4	−0.2
12	x_2	18	0	1	0	−0.12	0.16
σ_j			0	0	0	−1.36	−0.52
σ_j/a_{lj}			—	—	—	√	—
0	x_4	23.08	0	0	−3.12	1	−0.372
7	x_1	30.77	1	0	0.128	0	−0.349
12	x_2	20.77	0	1	−0.038	0	0.115
σ_j			0	0	[<0]	0	[<0]

解得：$\boldsymbol{X}^* = (30.77, 20.77, 0, 23.08, 0)^\mathrm{T}$，$z^* = 464.64$。

4.3　分析 A 的变化

系数矩阵 A 的变化一般分为三种情况，下面分别讨论。

1. 增加一个新的变量

实际应用中，如果增加一种新的产品，在模型上便体现为增加一个新的变量。假设该产品的系数列向量为 p_j，单位利润为 c_j，在单纯形的最优表中，应有

$$p_j' = \boldsymbol{B}^{-1}p_j, \quad \sigma_j = c_j - C_B\boldsymbol{B}^{-1}p_j$$

若 $\sigma_j \leqslant 0$，则最优解不变，实际意义为新产品不安排生产；

若 $\sigma_j > 0$，则用单纯形法继续迭代，直至达到最优解。

例 2.11　生产产品 Ⅰ 和产品 Ⅱ 需要 A、B、C、D 四种设备，资料如表 2.16 所示。

表 2.16　例 2.11 资料表

设备	A	B	C	D	利润/元
产品 I	2	1	4	0	2
产品 II	2	2	0	4	3
台时限制	12	8	16	12	——

解　设产品 I 和产品 II 的产量分别为 x_1 和 x_2，则

$$\max z = 2x_1 + 3x_2$$

$$\text{s. t.} \begin{cases} 2x_1 + 2x_2 \leqslant 12 \\ x_1 + 2x_2 \leqslant 8 \\ 4x_1 \leqslant 16 \\ 4x_2 \leqslant 12 \\ x_1, \ x_2 \geqslant 0 \end{cases}$$

得到最优单纯形表(见表 2.17)：

表 2.17　最优单纯形表

	c_j		2	3	0	0	0	0
C_B	X_B	b	x_1	x_2	x_3	x_4	x_5	x_6
0	x_3	0	0	0	1	-1	-1/4	0
2	x_1	4	1	0	0	0	1/4	0
0	x_6	4	0	0	0	-2	1/2	1
3	x_2	2	0	1	0	1/2	-1/8	0
	σ_j	14	0	0	0	-3/2	-1/8	0

例 2.12　现有新产品 III，单位利润 5 元，需在 A、B、C、D 四种设备上分别加工 3、2、6、3 台时。问：对原解有何影响？如果有影响，请做出调整。

解　设产品 III 的产量为 x_3，$\boldsymbol{p}_3 = (3, \ 2, \ 6, \ 3)^{\mathrm{T}}$，在最后单纯形法中应为

$$\boldsymbol{p}_3' = \boldsymbol{B}^{-1}\boldsymbol{p}_3 = \begin{bmatrix} 1 & -1 & -1/4 & 0 \\ 0 & 0 & 1/4 & 0 \\ 0 & -2 & 1/2 & 1 \\ 0 & 1/2 & -1/8 & 0 \end{bmatrix} \begin{bmatrix} 3 \\ 2 \\ 6 \\ 3 \end{bmatrix} = \begin{bmatrix} -1/2 \\ 3/2 \\ 2 \\ 1/4 \end{bmatrix}$$

$$\sigma_3' = c_3 - \boldsymbol{C}_B \boldsymbol{B}^{-1} \boldsymbol{p}_3 = 5 - (0, \ 2, \ 0, \ 3)(-1/2, \ 3/2, \ 2, \ 1/4)^{\mathrm{T}} = 5/4 > 0$$

因此，LP 的解需要做出调整(见表 2.18)。

表 2.18　LP 解的调整

	c_j		2	3	0	0	0	0	5	
C_B	X_B	b	x_1	x_2	x_3	x_4	x_5	x_6	x_3'	θ_i
0	x_3	0	0	0	1	-1	-1/4	0	-1/2	——

c_j			2	3	0	0	0	0	5	θ_i
C_B	X_B	b	x_1	x_2	x_3	x_4	x_5	x_6	x_3'	
2	x_1	4	1	0	0	0	1/4	0	3/2	8/3
0	x_6	4	0	0	0	-2	1/2	1	2	2$^\vee$
3	x_2	2	0	1	0	1/2	-1/8	0	1/4	8
σ_j			0	0	0	-3/2	-1/8	0	5/4	
0	x_3	1	0	0	1	-3/2	-1/8	1/4	0	
2	x_1	1	1	0	0	3/2	-1/8	-3/4	0	
5	x_3'	2	0	0	0	-1	1/4	1/2	1	
3	x_2	3/2	0	1	0	3/4	-3/16	-1/8	0	
σ_j			0	0	0	-1/4	-7/16	-5/8	0	

即新的最优解为：$x_1 = 1$，$x_2 = 3/2$，$x_3' = 2$，$z^* = 16.5$，利润增加 2.5 元。

2. 增加一个新的约束条件

一般来说，当增加一个约束条件后，可行域被缩小。所以如果原最优解满足新的约束条件，则它就是新问题的最优解；如果不满足，则把新的约束方程加在原最优表的下面，并添加松弛变量构造基变量。

例 2.13　例 2.11 中，在只生产产品Ⅰ和产品Ⅱ的情况下，新增加设备 E 完成两种产品生产，产品Ⅰ和产品Ⅱ分别需占台时 2 和 2.4，E 的总台时限额为 12，试对方案做出调整。

解　依题意，即新增约束条件 $2x_1 + 2.4x_2 \leq 12$

将原解 $x_1 = 4$，$x_2 = 2$ 代入约束条件 $2 \times 4 + 2.4 \times 2 = 12.8 > 12$，不符合新增约束条件，需要对原方案进行调整。先把新增的约束标准化为

$$2x_1 + 2.4x_2 + x_7 = 12$$

那么在原最优表中增加该行约束，如表 2.19 所示。

表 2.19　增加约束

c_j			2	3	0	0	0	0	0
C_B	X_B	b	x_1	x_2	x_3	x_4	x_5	x_6	x_7
0	x_3	0	0	0	1	-1	-1/4	0	0
2	x_1	4	1	0	0	0	1/4	0	0
0	x_6	4	0	0	0	-2	1/2	1	0
3	x_2	2	0	1	0	1/2	-1/8	0	0
0	x_7	12	2	12/5	0	0	0	0	1

表 2.19 中，x_1，x_2 所在列不是单位向量，无法继续迭代求解，因此要进行"单位化"，通过行初等边换将它们化为单位向量。

变换后，得到单纯形表（见表 2.20）。

表 2.20　单纯形表

C_B	X_B	b	x_1	x_2	x_3	x_4	x_5	x_6	x_7
	c_j		2	3	0	0	0	0	0
0	x_3	0	0	0	1	−1	−1/4	0	0
2	x_1	4	1	0	0	0	1/4	0	0
0	x_6	4	0	0	0	−2	1/2	1	0
3	x_2	2	0	1	0	1/2	−1/8	0	0
0	x_7	−4/5$^\vee$	0	0	0	−6/5	[−1/5]	0	1
	σ_j		0	0	0	−3/2	−1/8	0	0
	σ_j/a_{lj}		0	0	0	5/4	5/8$^\vee$	0	0
0	x_3	1	0	0	1	1/2	0	0	−5/4
2	x_1	3	1	0	0	−3/2	0	0	5/4
0	x_6	2	0	0	0	−5	0	1	5/2
3	x_2	5/2	0	1	0	5/4	0	0	−5/8
0	x_5	4	0	0	0	6	1	0	−5
	σ_j		0	0	0	−3/4	0	0	−5/8

$$X^* = (3,\ 5/2,\ 1,\ 0,\ 4,\ 2)^T,\quad z^* = 27/2$$

3. 某一列向量发生改变

实际应用中，如某种产品工艺结构发生改变，使单位产品资源消耗发生变化，就属于这类问题。

设 p_j 的改变量为 Δp，则 $p_j' = B^{-1}(p_j + \Delta p)$，$\sigma_j' = C_j - C_B p_j'$，用这两项取代单纯形表中相应的项，按 p_j 所对应的 x_j 是基变量或非基变量分两种情况。

（1）当 p_j 所对应的 x_j 是非基变量。

这种情况对基没有影响，因此

若 $\sigma_j' \leqslant 0$，则为最优解；

若 $\sigma_j' > 0$，则用单纯形法继续迭代。

（2）当 p_j 所对应的 x_j 是基变量。

这种情况下，基会发生变化，用 p_j' 替换最优表中的 p_j 列，并对 p_j' 进行行初等变换，化为单位列向量。然后

若 $b_j' \geqslant 0$，$\sigma_j' \leqslant 0$，则为最优解；

若 $b_j' \geqslant 0$，$\sigma_j' > 0$，则用单纯形法继续迭代；

若 $b_j' < 0$，$\sigma_j' \leqslant 0$，则用对偶单纯形法继续迭代；

若 $b_j' < 0$，$\sigma_j' > 0$，则将 x_j 所在行乘以 (-1)，添加人工变量，用单纯形法继续求解。

例 2.14 例 2.11 中，产品 Ⅰ 的工艺机构发生改变，需在设备 A、B、C、D 加工 3、2、5、2 台时，每单位获利升至 4 元。应如何安排生产？

解　改进后的产品 I 记为 I′，生产量为 x_1'，则

$$\boldsymbol{B}^{-1}\boldsymbol{p}_1' = \begin{bmatrix} 1 & -1 & -1/4 & 0 \\ 0 & 0 & 1/4 & 0 \\ 0 & -2 & 1/2 & 1 \\ 0 & 1/2 & -1/8 & 0 \end{bmatrix} \begin{bmatrix} 3 \\ 2 \\ 5 \\ 2 \end{bmatrix} = \begin{bmatrix} -1/4 \\ 5/4 \\ 1/2 \\ 3/8 \end{bmatrix}$$

$$\sigma_1' = c_1' - \boldsymbol{C}_B'\boldsymbol{B}^{-1}\boldsymbol{p}_1' = 4 - (0,\ 4,\ 0,\ 3)(-1/4,\ 5/4,\ 1/2,\ 3/8)^{\mathrm{T}} = -17/8$$

列单纯形表并单位化(见表 2.21)。

表 2.21　例 2.14 单纯形表

c_j			4	3	0	0	0	0
C_B	X_B	b	x_1'	x_2	x_3	x_4	x_5	x_6
0	x_3	0	-1/4	0	1	-1	-1/4	0
4	x_1'	4	[5/4]	0	0	0	1/4	0
0	x_6	4	1/2	0	0	-2	1/2	1
3	x_2	2	3/8	1	0	1/2	-1/8	0
0	x_3	4/5	0	0	1	-1	-1/5	0
4	x_1'	16/5	1	0	0	0	1/5	0
0	x_6	12/5	0	0	0	-2	2/5	1
3	x_2	4/5	0	1	0	1/2	-1/5	0
σ_j			0	0	0	-3/2	-1/5	0

最优解 $\boldsymbol{X}^* = (16/5,\ 4/5,\ 4/5,\ 0,\ 0,\ 12/5)^{\mathrm{T}}$，$z^* = 76/5$

例 2.15　若产品 I 的工艺变为需在设备 A、B、C、D 上加工 3、4、5、2 台时，每单位获利 4 元，应如何安排生产?

解　同例 2.14

$$\boldsymbol{B}^{-1}\boldsymbol{p}_1' = \begin{bmatrix} 1 & -1 & -1/4 & 0 \\ 0 & 0 & 1/4 & 0 \\ 0 & 0 & 1/2 & 1 \\ 0 & 1/2 & -1/8 & 0 \end{bmatrix} \begin{bmatrix} 3 \\ 4 \\ 5 \\ 2 \end{bmatrix} = \begin{bmatrix} -9/4 \\ 5/4 \\ -7/2 \\ 11/8 \end{bmatrix}$$

列单纯形表并单位化(见表 2.22)。

表 2.22　例 2.15 单纯形表

c_j			4	3	0	0	0	0
C_B	X_B	b	x_1'	x_2	x_3	x_4	x_5	x_6
0	x_3	0	-9/4	0	1	-1	-1/4	0
4	x_1'	4	[5/4]	0	0	0	1/4	0
0	x_6	4	-7/2	0	0	-2	1/2	1
3	x_2	2	11/8	1	0	1/2	-1/8	0

	c_j		4	3	0	0	0	0
0	x_3	36/5	0	0	1	-1	1/5	0
4	x_1'	16/5	1	0	0	0	1/5	0
0	x_6	76/5	0	0	0	-2	6/5	1
3	x_2	-12/5	0	1	0	1/2	-2/5	0
	σ_j		0	0	0	-3/2	2/5	0

LP 和 DLP 均处于非可行状态，引进人工变量 x_7，价值系数$-M$。

x_2 所在行乘（-1），加入 x_7，则此行变为：$-x_2 - 1/2x_4 + 2/5x_5 + x_7 = 12/5$。

在表 2.22 中，以 x_7 取代 x_2 得到表 2.23。

表 2.23　x_7 取代 x_2 的单纯形表

	c_j		4	3	0	0	0	0	$-M$	θ_i
C_B	X_B	b	x_1	x_2	x_3	x_4	x_5	x_6	x_7	
0	x_3	36/5	0	0	1	-1	1/5	0	0	36
4	x_1'	16/5	1	0	0	0	1/5	0	0	16
0	x_6	76/5	0	0	0	-2	6/5	1	0	38/3
$-M$	x_7	12/5	0	-1	0	-1/2	[2/5]	0	1	6
	σ_j		0	$3-M$	0	$-1/2M$	$2/5M-4/5$	0	0	
0	x_3	6	0	1/2	1	-3/4	0	0	-1/2	12
4	x_1'	2	1	1/2	0	1/4	0	0	-1/2	4
0	x_6	8	0	[3]	0	-1/2	0	1	-3	8/3
0	x_5	6	0	-5/2	0	-5/4	1	0	5/2	—
	σ_j		0	1	0	-1	0	0	$2-M$	
0	x_3	14/3	0	0	1	-2/3	0	-1/6	0	
4	x_1'	2/3	1	0	0	1/3	0	-1/6	0	
0	x_6	8/3	0	1	0	-1/6	0	1/3	-1	
3	x_2	38/3	0	0	0	5/3	1	5/6	0	
	σ_j		0	0	0	-5/6	0	-1/3	$3-M$	

最优解为：$X^* = (2/3, 8/3)^T$，$z^* = 32/3$。

习　题

2.1　写出下列线性规划的对偶问题。

（1）$\min w = 60x_1 + 10x_2 + 20x_3$

$$\text{s. t.} \begin{cases} 3x_1 + x_2 + x_3 \geq 2 \\ x_1 - x_2 + x_3 \geq -1 \\ x_1 + 2x_2 - x_3 \geq 1 \\ x_1,\ x_2,\ x_3 \geq 0 \end{cases}$$

(2) $\max z = x_1 + 3x_2 + 2x_3$

$$\text{s. t.} \begin{cases} x_1 + 3x_2 + 4x_3 = 10 \\ 2x_1 + 5x_2 + 3x_3 = 15 \\ x_1,\ x_2,\ x_3 \geq 0 \end{cases}$$

(3) $\min z = 2x_1 + 2x_2 + 4x_3$

$$\text{s. t.} \begin{cases} x_1 + 3x_2 + 4x_3 \geq 2 \\ 2x_1 + x_2 + 3x_3 \leq 3 \\ x_1 + 4x_2 + 3x_3 = 5 \\ x_1,\ x_2 \geq 0,\ x_3 \text{ 无约束} \end{cases}$$

(4) $\max z = 2x_1 + 3x_2 + 6x_3 + x_4$

$$\text{s. t.} \begin{cases} 3x_1 + 4x_2 + 4x_3 + 7x_4 = 21 \\ 2x_1 + 7x_2 + 3x_3 + 8x_4 \geq 18 \\ x_1 - 2x_2 + 5x_3 - 3x_4 \leq 4 \\ x_1 \geq 0,\ x_2 \leq 0,\ x_4 \geq 0 \end{cases}$$

2.2　对于给出的 LP：

$$\max z = x_1 + 2x_2 + x_3$$

$$\text{s. t.} \begin{cases} x_1 + x_2 - x_3 \leq 2 \\ x_1 - x_2 + x_3 = 1 \\ 2x_1 + x_2 + x_3 \geq 2 \\ x_1 \geq 0,\ x_2 \leq 0,\ x_3 \text{ 无约束} \end{cases}$$

(1) 写出 DLP。
(2) 利用对偶问题性质证明原问题目标函数值 $z \leq 1$。

2.3　已知 LP：

$$\max z = x_1 + x_2$$

$$\text{s. t.} \begin{cases} -x_1 + x_2 + x_3 \leq 2 \\ -2x_1 + x_2 - x_3 \leq 1 \\ x_j \geq 0(j = 1,\ 2,\ 3) \end{cases}$$

试根据对偶问题性质证明上述线性问题目标函数值无界。

2.4　对于给出的 LP：

$$\min z = 2x_1 + 3x_2 + 5x_3 + 6x_4$$

$$\text{s. t.} \begin{cases} x_1 + 2x_2 + 3x_3 + x_4 \geq 2 \\ -2x_1 + x_2 - x_3 + 3x_4 \leq -3 \\ x_j \geq 0(j = 1,\ 2,\ 3,\ 4) \end{cases}$$

（1）写出 DLP。

（2）用图解法求解 DLP。

（3）利用（2）中的结果及根据对偶性质写出原问题的最优解。

2.5 给定 LP：

$$\max z = 2x_1 + 4x_2 + x_3 + x_4$$

$$\text{s. t.} \begin{cases} x_1 + 3x_2 + x_4 \leqslant 8 \\ 2x_1 + x_2 \leqslant 6 \\ x_2 + x_3 + x_4 \leqslant 6 \\ x_1 + x_2 + x_3 \leqslant 9 \\ x_j \geqslant 0(j = 1,\ 2,\ 3,\ 4) \end{cases}$$

（1）写出 DLP。

（2）已知原问题最优解 $X = (2,\ 2,\ 4,\ 0)^{\mathrm{T}}$，试根据对偶理论，直接求出对偶问题的最优解。

2.6 用对偶单纯形法求下列线性规划。

（1）$\min z = 4x_1 + 12x_2 + 18x_3$

$$\text{s. t.} \begin{cases} x_1 + x_3 \geqslant 3 \\ 2x_2 + 2x_3 \geqslant 5 \\ x_j \geqslant 0(j = 1,\ 2,\ 3) \end{cases}$$

（2）$\min z = 5x_1 + 2x_2 + 4x_3$

$$\text{s. t.} \begin{cases} 3x_1 + x_2 + 2x_3 \geqslant 4 \\ 6x_1 + 3x_2 + 5x_3 \geqslant 10 \\ x_j \geqslant 0(j = 1,\ 2,\ 3) \end{cases}$$

2.7 已知 LP：

$$\max z = 2x_1 - x_2 + x_3$$

$$\text{s. t.} \begin{cases} x_1 + x_2 + x_3 \leqslant 6 \\ -x_1 + 2x_2 \leqslant 4 \\ x_1,\ x_2,\ x_3 \geqslant 0 \end{cases}$$

（1）用单纯形法求最优解。

（2）分析当目标函数变为 $\max z = 2x_1 + 3x_2 + x_3$ 时最优解的变化。

2.8 给出线性规划问题：

$$\max z = 2x_1 + 3x_2 + x_3$$

$$\text{s. t.} \begin{cases} 1/3x_1 + 1/3x_2 + 1/3x_3 \leqslant 1 \\ 1/3x_1 + 4/3x_2 + 7/3x_3 \leqslant 3 \\ x_1,\ x_2,\ x_3 \geqslant 0 \end{cases}$$

用单纯形法求解的最终单纯形表如表 2.24 所示。

表 2.24　最终单纯形表

	c_j		2	3	1	0	0
C_B	X_B	b	x_1	x_2	x_3	x_4	x_5
2	x_1	1	1	0	−1	4	−1
3	x_2	2	0	1	2	−1	1
	σ_j		0	0	−3	−5	−1

试分析下列各种条件下，最优解(基)的变化：

(1)目标函数中变量 x_3 的系数变为 6。

(2)分别确定目标函数中变量 x_1 和 x_2 的系数 c_1，c_2 在什么范围内变动时最优解不变。

(3)分析第一个约束条件右端系数变为 2 时最优解的变化。

(4)约束条件的右端由 $\begin{pmatrix} 1 \\ 3 \end{pmatrix}$ 变为 $\begin{pmatrix} 3 \\ 2 \end{pmatrix}$。

2.9　某工厂甲、乙、丙三种产品，其所需劳动力、材料等数据如表 2.25 所示。

表 2.25　2.9 题资料表

原料	甲	乙	丙	可用量
A	6	3	5	45
B	3	4	5	30
单件利润	4	1	5	

试分析以下问题：

(1)建立线性规划模型，求使该厂获利最大的产品生产计划。

(2)若产品乙、丙的单件利润不变，则产品甲的利润在什么范围内变化时，上述最优解不变。

(3)若设计一种新产品丁，其原料消耗定额：A 为 3 单位，B 为 2 单位，单件利润为 2.5 单位，问该种产品是否值得生产？如果生产，请求出新的最优生产计划。

运输问题是一类特殊的线性规划，其约束条件的系数矩阵具有很特殊的结构，若用前两章中介绍的方法手工求解，则计算量大，不便捷。求解运输问题的有效方法是表上作业法，它是一种特殊形式的单纯形法，有多种确定初始方案的方法和检验的方法。随着社会和经济的发展，运输问题并不仅仅局限于真正意义上的运输，还能用于解决诸如农作物布局、投资决策、工作指派等其他的实际问题。

第1节　运输问题的数学模型

1.1　运输问题的提出

在生产活动或日常活动中，经常需要将物品从某些产地运到某些销地，因而存在着如何调运使总运费最小的问题，即运输问题。

例3.1　某建材公司下设三个水泥厂 A_1、A_2、A_3，各厂每日水泥产量分别为7 000 吨、4 000 吨、9 000 吨；现要把三个厂生产的水泥分别运往四个建筑工地 B_1、B_2、B_3、B_4，各工地日需求量依次为3 000 吨、6 000 吨、5 000 吨和6 000 吨。已知各厂到各工地的单位运价，见表 3.1。问如何调运才能在满足各工地需求条件下，使总运费最少？

表 3.1　单位运价表　　　　　　　　　　　　　　　　单位：元/吨

项目	B_1	B_2	B_3	B_4
A_1	3	11	3	10
A_2	1	9	2	8
A_3	7	4	10	5

解　调运方案即确定从各产地到各销地的运量，设为 x_{ij}，表示从产地 A_i 到销地 B_j 的运量。运量平衡表如表 3.2 所示。

表 3.2 运量平衡表

项目	B_1	B_2	B_3	B_4	产量
A_1	x_{11}	x_{12}	x_{13}	x_{14}	7
A_2	x_{21}	x_{22}	x_{23}	x_{24}	4
A_3	x_{31}	x_{32}	x_{33}	x_{34}	9
销量	3	6	5	6	20

根据运量平衡表，要求的目标函数是

$$z = 3x_{11} + 11x_{12} + 3x_{13} + 10x_{14} + x_{21} + 9x_{22} + 2x_{23} + 8x_{24} + 7x_{31} + 4x_{32} + 10x_{33} + 5x_{34}$$

求极小化问题，其中运量 x_{ij} 受到以下两类条件的制约。

按行观察，产量约束为

$$x_{11} + x_{12} + x_{13} + x_{14} = 7$$
$$x_{21} + x_{22} + x_{23} + x_{24} = 4$$
$$x_{31} + x_{32} + x_{33} + x_{34} = 9$$

按列观察，销量约束为

$$x_{11} + x_{21} + x_{31} = 3$$
$$x_{12} + x_{22} + x_{32} = 6$$
$$x_{13} + x_{23} + x_{33} = 5$$
$$x_{14} + x_{24} + x_{34} = 6$$

最后运量 $x_{ij} \geq 0$，$i = 1, 2, 3$，$j = 1, 2, 3, 4$。因此，这是一个线性规划模型。

1.2　运输问题的模型和特点

运输问题的一般提法是：设要将 m 个产地 A_1，A_2，$\cdots$，A_m 的某种物资调运至 n 个销地 B_1，B_2，$\cdots$，B_n，各个产地的产量分别为 a_1，a_2，$\cdots$，a_m，各个销地的销量分别为 b_1，b_2，$\cdots$，b_n。已知从第 i 个产地到第 j 个销地的单位运价为 c_{ij}，如何调运才能使总运费最少？

设从产地 A_i 到销地 B_j 的运量为 x_{ij}，为了便于分析问题，可以把以上所有数据排在一张表中，称为运输表，如表 3.3 所示。

如果运输问题的总产量等于总销量，即有

$$\sum_{i=1}^{m} a_i = \sum_{j=1}^{n} b_j \tag{3.1}$$

则称该运输问题是产销平衡的运输问题，其数学模型如下：

$$\min z = \sum_{i=1}^{m} \sum_{j=1}^{n} c_{ij} x_{ij} \tag{3.2}$$

表 3.3　运输表

项目	B_1		B_2		$\cdots$	B_n		产量
A_1	x_{11}	c_{11}	x_{12}	c_{12}	$\cdots$	x_{1n}	c_{1n}	a_1
A_2	x_{21}	c_{21}	x_{22}	c_{22}	$\cdots$	x_{2n}	c_{2n}	a_2
$\vdots$	$\vdots$		$\vdots$		$\vdots$	$\vdots$		$\vdots$
A_m	x_{m1}	c_{m1}	x_{m2}	c_{m2}	$\cdots$	x_{mn}	c_{mn}	a_m
销量	b_1		b_2		$\cdots$	b_n		

$$\text{s. t.}\begin{cases} \sum_{j=1}^{n} x_{ij} = a_i & i = 1,\ 2,\ \cdots,\ m \\ \sum_{i=1}^{m} x_{ij} = b_j & j = 1,\ 2,\ \cdots,\ n \\ \qquad x_{ij} \geq 0 \end{cases} \tag{3.3}$$

这就是运输问题的数学模型，它包含 $m \times n$ 个变量，$m + n$ 个约束方程，由于约束条件由等号连接，且找不到单位矩阵，因此，如果用单纯形法求解，必须先在每个约束方程中引入一个人工变量，如例 3.1 中的问题，变量就有 19 个之多，计算量很大。

为了更有效地求解运输问题，必须研究其模型的特殊结构。

将模型中的约束条件式(3.3)加以整理，可知其系数矩阵具有以下形式：

$$x_{11}x_{12}\cdots x_{1n} \quad x_{21}x_{22}\cdots \ x_{2n}\cdots \ x_{m1}x_{m2}\cdots \ x_{mn}$$

$$\left.\begin{bmatrix} 1 & 1 & \cdots & 1 & & & & & & & & & \\ & & & & 1 & 1 & \cdots & 1 & & & & & \\ & & & & & & \cdots & & & & & & \\ & & & & & & & & 1 & 1 & \cdots & 1 \\ 1 & & & & 1 & & & & 1 & & & \\ & 1 & & & & 1 & & \cdots & & 1 & & \\ & & \ddots & & & & \ddots & & & & \ddots & \\ & & & 1 & & & & 1 & & & & 1 \end{bmatrix}\right\} \begin{matrix} m\ \text{行} \\ \\ n\ \text{行} \end{matrix} \tag{3.4}$$

$$\underbrace{\qquad}_{n列}\underbrace{\qquad}_{n列}\cdots\underbrace{\qquad}_{n列}$$

矩阵由 0 和 1 组成，每列只有两个元素为 1，其余元素为 0；各变量在前 m 个方程中只出现一次，在后 n 个方程中也只出现一次。将式(3.4)中的矩阵记为 A，它的前 m 行之和与后 n 行之和作差为零，这说明系数矩阵 A 的 $m + n$ 个行向量线性相关，即系数矩阵的秩 $r(A) < m + n$。进一步，从 A 的第 2 行至第 $m + n$ 行中，取出 x_{11}，x_{12}，$\cdots$，x_{1n}，x_{21}，x_{31}，$\cdots$，x_{m1} 所在列，可以组成一个 $m + n - 1$ 阶子式。

$$D = \begin{vmatrix} & & & 1 & & & & \\ & & & & 1 & & & \\ & & & & & \ddots & & \\ & & & & & & & 1 \\ 1 & & & 1 & 1 & \cdots & 1 \\ & 1 & & & & & \\ & & \ddots & & & & \\ & & & 1 & & & \end{vmatrix} \tag{3.5}$$

显然 $D \neq 0$，即 $r(A) = m + n - 1$，这说明运输问题的基变量有 $m + n - 1$ 个。

在运输问题中，把解称作运输方案，将基变量对应的单元格称作数字格，将非基变量对应的单元格称为空格，因此，运输问题的基可行解一定具有 $m + n - 1$ 个数字格。最后要说明的是，运输问题必定有最优解。一方面，任何使产销平衡的调运方案都是可行方案，这样的解一定能找到，即可行域必定存在；另一方面，由于单位运价 $c_{ij} \geq 0$，则总运费 $z \geq 0$，而目标函数是极小化问题，因此 z 有界，目标函数值不会趋于 $-\infty$。

第 2 节　表上作业法

表上作业法是求解运输问题的有效方法，其实质是单纯形法，也称运输单纯形法，因此具有与单纯形法相同的求解思想，但具体计算和术语有所不同，基本步骤为：

第一步：给出初始方案。

第二步：对得到的方案进行最优性检验，若为最优则停止，否则转入下一步。

第三步：调整方案，得出新的方案，其目标函数值应优于前一方案，回到第二步，直至最优。

以上运算均可在表中完成，下面以例 3.1 中的模型为例进行说明。

2.1　初始方案的确定

初始方案是一个可行解，运输问题在确定初始方案时遵循的原则是容易得到和尽量优化，常用的方法有三种，分别是西北角法、最小元素法和 Vogel 近似法。

1. 西北角法

这是最容易得到初始方案的方法。具体步骤为：

第一步：从运输表西北角的位置（即初次从 x_{11}）开始，给予尽可能大的运量。

第二步：根据运量分配，修改产量或销量栏的数据。

第三步：划去产量或销量已经分配完的行或列。

重复上述步骤，直至产量和销量全部分配完毕。

对例 3.1 用西北角法求初始方案。

从运输表 x_{11} 的位置出发，给予最大运量，故在（A_1，B_1）格中填 3，这时 A_1 的产量变为 4，B_1 的需求量全部得到满足，在以后运量分配时不再考虑，故划去 B_1 列，得到表 3.4。

表 3.4　西北角法求初始方案(1)

项目	B$_1$	B$_2$	B$_3$	B$_4$	产量
A$_1$	[3] 3	11	3	10	7
A$_2$	1	9	2	8	4
A$_3$	7	4	10	5	9
销量	3	6	5	6	20

重复这个步骤，在西北角(A$_1$，B$_2$)格中填 4，这时 B$_2$ 需求量变为 2，A$_1$ 的供给能力已用尽，故划去 A$_1$ 行，得到表 3.5。

表 3.5　西北角法求初始方案(2)

项目	B$_1$	B$_2$	B$_3$	B$_4$	产量
A$_1$	[3] 3	[4] 11	3	10	7
A$_2$	1	9	2	8	4
A$_3$	7	4	10	5	9
销量	3	6	5	6	20

继续如上进行，在(A$_2$，B$_2$)格中填 2，划去 B$_2$ 列；在(A$_2$，B$_3$)格中填 2，划去 A$_2$ 行；在(A$_3$，B$_3$)格中填 3，划去 B$_3$ 列；至此，只有(A$_3$，B$_4$)格未被划去，在其中填入数字 6，使剩余的产量和销量同时得到满足，并同时划去 A$_3$ 行和 B$_4$ 列。这时，运输表中全部格子均被划去，得到该运输问题的一个初始可行解，如表 3.6 所示。

表 3.6　西北角法确定初始方案(3)

项目	B$_1$	B$_2$	B$_3$	B$_4$	产量
A$_1$	[3] 3	[4] 11	3	10	7
A$_2$	1	[2] 9	[2] 2	8	4　2
A$_3$	7	4	[3] 10	[6] 5	9
销量	3	6	5	6	20

运费 $z = 3 \times 3 + 4 \times 11 + 2 \times 9 + 2 \times 2 + 3 \times 10 + 6 \times 5 = 135$。

西北角法操作简单，但是每次不加考虑地从西北角的位置出发，就避免不了会在单位运价高的格子处给予运量，这在实际中是不合理的，因此，给出西北角法的改进方法——最小元素法。

2. 最小元素法

最小元素法的基本思想是就近供应，即从单位运价最低的格子处，分配尽可能多的运量。具体步骤为：

第一步：找出运输表中最小的单位运价，在相应格子处分配尽可能多的运量。

第二步：根据运量分配，修改产量或销量栏的数据。

第三步：划去产量或销量已经分配完的行或列。

重复上述步骤，直至产量和销量全部分配完毕。

从以上步骤可以看出，最小元素法就是在西北角法的基础上，每次多进行一次单位运价的大小比较。以例 3.1 进行说明。

运输表中 $(A_2，B_1)$ 的单位运价 1 最小，故首先考虑此处运输。在 $(A_2，B_1)$ 格中填 3，这时 A_2 的产量变为 1，B_1 的需求量全部得到满足，在以后运量分配时不再考虑，故划去 B_1 列，得到表 3.7。

表 3.7 最小元素法确定初始方案(1)

项目	B_1		B_2		B_3		B_4		产量
A_1		3		11		3		10	7
A_2	3	1		9		2		8	4
A_3		7		4		10		5	9
销量	3		6		5		6		20

在运输表尚未划去的格子中寻找最小单位运价，为 $(A_2，B_3)$ 处的 2，故在格中填 1，这时 B_3 需求量变为 4，A_2 的供给能力已用尽，故划去 A_2 行，得到表 3.8。

表 3.8 最小元素法确定初始方案(2)

项目	B_1		B_2		B_3		B_4		产量
A_1		3		11		3		10	7
A_2	3	1		9	1	2		8	4
A_3		7		4		10		5	9
销量	3		6		5		6		20

重复这个步骤，得到用最小元素法求出的初始方案，如表 3.9 所示。

表 3.9　最小元素法确定初始方案(3)

项目	B₁	B₂	B₃	B₄	产量
A₁	3	11	3　[4]	10　[3]	7
A₂	1　[3]	9	2　[1]	8	4
A₃	7	4　[6]	10	5　[3]	9
销量	3	6	5	6	20

这时，运费 $z = 4 \times 3 + 3 \times 10 + 3 \times 1 + 1 \times 2 + 6 \times 4 + 3 \times 5 = 86$，有了明显的改善。

3. Vogel 近似法

最小元素法给定初始方案只从局部观点考虑就近供应，为了节省一处的费用，可能会造成在其他处多花几倍的运费，从而使整个运输费用增加，作为最小元素法的改进，Vogel 法可避免这种情况的出现。Vogel 法可分为行罚数法、列罚数法、行列综合罚数法。这里介绍的 Vogel 近似法是行罚数法。它的基本思想是：对每个产地，找出每行最小和次小的单位运价，并称这两个单位运价之差为该产地的罚数，若罚数大，则不按该行最小单位运价安排运输就会造成运费的较大损失。

Vogel 近似法的具体步骤为：

第一步：在运输表右边增加一列，计算每行次小元和最小元的差值。

第二步：确定最大差值所在的行，当有两个或更多时，选运费最小的行。

第三步：对确定的行找最小元素，在相应格子处分配尽可能多的运量；根据运量分配，修改产量或销量栏的数据；划去产量或销量已经分配完的行或列。

重复上述步骤，直至产量和销量全部分配完毕。

以例 3.1 进行说明。

首先计算运输表中每一行的次小单位运价和最小单位运价之间的差值，将算出的罚数填入运输表右侧行罚数栏中，如表 3.10 所示。A₁，A₂，A₃ 行的罚数分别为 0，1，1。A₂，A₃ 行的罚数一样大，因此从这两行中寻找最小单位运价，它位于 (A_2, B_1) 处，故先考虑此处运输。在 (A_2, B_1) 格中填尽可能大的运量 3，此时 B₁ 列分配完，划去 B₁ 列。

表 3.10　Vogel 近似法确定初始方案(1)

项目	B₁	B₂	B₃	B₄	产量	行罚数
A₁	3	11	3	10	7	0
A₂	1　[3]	9	2	8	4	1
A₃	7	4	10	5	9	1
销量	3	6	5	6	20	

在尚未划去的格子中，重新计算行罚数，填入右侧行罚数栏第二列，最大的罚数为7，位于 A_1 行，这行中最小运价为3，位于 B_3 列，故在（A_1，B_3）格中填入最大运量5，此时 B_3 列分配完，划去 B_3 列，如表3.11所示。

表 3.11 Vogel 近似法确定初始方案（2）

项目	B$_1$		B$_2$		B$_3$		B$_4$		产量	行罚数	
A$_1$		3		11	5	3		10	7	0	<u>7</u>
A$_2$	3	1		9		2		8	4	<u>1</u>	6
A$_3$		7		4		10		5	9	1	1
销量	3		6		5		6		20		

重复这个步骤，得到用 Vogel 近似法求出的初始方案，如表3.12所示。

表 3.12 Vogel 近似法确定初始方案（3）

项目	B$_1$		B$_2$		B$_3$		B$_4$		产量	行罚数		
A$_1$		3		11	5	3	2	10	7	0	<u>7</u>	1
A$_2$	3	1		9		2	1	8	4	<u>1</u>	6	1
A$_3$		7	6	4		10	3	5	9	1	1	<u>1</u>
销量	3		6		5		6		20			

这时，运费 $z = 5 \times 3 + 2 \times 10 + 3 \times 1 + 1 \times 8 + 6 \times 4 + 3 \times 5 = 85$。显然 Vogel 近似法得出的结果比前两种方法的结果要好，一般来说，Vogel 近似法得出的初始解质量较好，常用来作为运输问题最优解的近似解。

4. 确定初始方案的几个问题

在运输表中，初始方案需要有 $m + n - 1$ 个数字格，对应运输问题解中的基变量取值；其余为空格，对应解中的非基变量。

一般在运输表中，每填一个数字，便划去表中的一行或一列。但往往出现下述情况，当选定最小元素后，发现该元素所在行的产地产量等于所在列的销地销量，这时在运输表中填一个数，要同时划去行和列。为了使基变量的个数仍为 $m + n - 1$ 个，需要在同时划去的该行或该列的任意空格位置补填一个"0"，并将该位置视为数字格。

例如，按最小元素法，确定表3.13中的初始方案，先在（A_2，B_1）格中填3，A_2 行的产量变为1，B_1 列分配完，划去 B_1 列；然后在（A_1，B_2）格中填5，A_1 行的产量变为4，划去分配完的 B_2 列；继续这个过程，在尚未划去的格子中，最小元素是4，故在（A_1，B_4）格中填4，此时 A_1 行的产量和 B_4 列的销量均为4，同时划去 A_1 行和 B_4 列。此时，可以在$(A_1，B_3)$或$(A_2，B_4)$或$(A_3，B_4)$格中任选一处填"0"，以保证基变量的个数不变。按上述方法继续，直至求出初始方案。

表 3.13　特殊情况的处理

项目	B₁	B₂	B₃	B₄	产量
A₁	5	5　3	10	4　4	9
A₂	3　1	6	9	0　6	4
A₃	20	10	5	7	7
销量	3	5	8	4	20

2.2　方案的最优性检验

前面介绍的三种方法给出的是运输问题的基可行解，需要通过最优性检验判别该解的目标函数值是否最优，判别的方法是计算空格（即非基变量）处的检验数。因运输问题的目标函数一般是求极小化，故当所有检验数 $\sigma_{ij} \geqslant 0$ 时，为最优解。下面介绍三种求空格处检验数的方法：闭回路法、位势法和初等算法。

1. 闭回路法

在给出调运方案的运输表中，为了求出空格处的检验数，需要先做出该空格的闭回路。运输问题的闭回路是指由一个空格和若干个有数字格的水平和垂直连线包围成的封闭回路，即起始点是空格，最终还要回到该空格。可以证明，每个空格都唯一存在这样的一条闭回路。闭回路可以是简单的矩形，也可以是由水平和垂直线组成的更为复杂的封闭多边形，如图 3.1 所示。

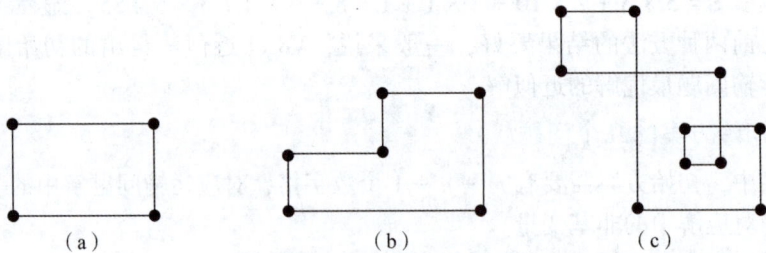

图 3.1　闭回路示例
(a)示意一；(b)示意二；(c)示意三

位于闭回路上的一组变量，它们对应的约束条件系数矩阵列向量是线性相关的，因而在运输问题基可行解的迭代过程中，不允许出现全部顶点由数字格构成的闭回路。也就是说，在确定运输问题的基可行解时，除了要保证数字格有 $m+n-1$ 个，还要求数字格不构成闭回路。前面提到的三种确定初始方案的方法，均满足条件要求。

采用闭回路法对例 3.1 中的初始可行解进行检验。

首先考虑表 3.9 中的空格(A_1，B_1)，即 x_{11} 是非基变量。做出它的闭回路，如表 3.14 所示。

表 3.14 闭回路法（1）

项目	B_1	B_2	B_3	B_4	产量
A_1	3	11	4 3	3 10	7
A_2	3 1	9	1 2	8	4
A_3	7	6 4	10	3 5	9
销量	3	6	5	6	20

设想在现有运输方案的基础上，由产地 A_1 增加供应 1 个单位的水泥给销地 B_1，为保持产销平衡，需要依次做调整：在(A_1，B_3)处减少 1 个单位，在(A_2，B_3)处增加 1 个单位，在(A_2，B_1)处减少 1 个单位。按此设想，当空格(A_1，B_1)处有 1 个单位运量时，引起运费的变化是 $c_{11} - c_{13} + c_{23} - c_{21} = 3 - 3 + 2 - 1 = 1$，这便是非基变量 x_{11} 的检验数 $\sigma_{11} = 1$。

按照同样的方法，可得出表 3.9 中所有空格（非基变量）的检验数：

$$\sigma_{12} = c_{12} - c_{14} + c_{34} - c_{32} = 11 - 10 + 5 - 4 = 2$$
$$\sigma_{22} = c_{22} - c_{23} + c_{13} - c_{14} + c_{34} - c_{32} = 9 - 2 + 3 - 10 + 5 - 4 = 1$$
$$\sigma_{24} = c_{24} - c_{14} + c_{13} - c_{23} = 8 - 10 + 3 - 2 = -1$$
$$\sigma_{31} = c_{31} - c_{34} + c_{14} - c_{13} + c_{23} - c_{21} = 7 - 5 + 10 - 3 + 2 - 1 = 10$$
$$\sigma_{33} = c_{33} - c_{34} + c_{14} - c_{13} = 10 - 5 + 10 - 3 = 12$$

用上述闭回路法算出的检验数放在表 3.15 中，为了和初始解区分开，检验数用带圈数字表示。其中，由于 $\sigma_{24} = -1 < 0$，所以表 3.9 中的解不是最优解，还需要进一步改进。

表 3.15 闭回路法（2）

项目	B_1	B_2	B_3	B_4	产量
A_1	① 3	② 11	4 3	3 10	7
A_2	3 1	① 9	1 2	⊖1 8	4
A_3	⑩ 7	6 4	⑫ 10	3 5	9
销量	3	6	5	6	20

2. 位势法

用闭回路法判定运输方案是否为最优，需要找出所有空格的闭回路，并计算其检验数。当运输问题的产销地很多时，计算检验数的工作十分繁重。下面介绍一种可以批量计算检验数的方法——位势法（也称对偶变量法）。

仍采用例 3.1 进行说明。步骤如下：

第一步：作位势表。

(1)仿照表 3.9 作一个表，将表中数字格的地方换成单位运价，如表 3.16 所示。

(2)在表 3.16 的下边和右边各增加一行和一列，并填入适当的数字，称为"位势"，记作 u_i 和 v_j，使表中原有各数之和恰好等于它所在行、列位势之和。由于这些 u_i 和 v_j 的数值是相互关联的，所以填写时可以先任意决定其中一个，然后推导出其他位势的数值。

表 3.16　位势表(1)

项目	B₁		B₂		B₃		B₄		u_i
A₁		3	11		3	3	10	10	1
A₂	1	1	9		2	2		8	0
A₃		7	4	4	10			5	−4
v_j	1		8		2		9		

如在表 3.16 中，先令 $v_1 = 1$。

因为 $u_2 + v_1 = 1$，所以 $u_2 = 0$；

因为 $u_2 + v_3 = 2$，所以 $v_3 = 2$；

因为 $u_1 + v_3 = 3$，所以 $u_1 = 1$；

因为 $u_1 + v_4 = 10$，所以 $v_4 = 9$；

因为 $u_3 + v_4 = 5$，所以 $u_3 = -4$；

因为 $u_3 + v_2 = 4$，所以 $v_2 = 8$。

第二步：利用位势求 σ_{ij}。

以 σ_{31} 为例，按闭回路法计算可知

$$\sigma_{31} = c_{31} - c_{34} + c_{14} - c_{13} + c_{23} - c_{21}$$
$$= c_{31} - (u_3 + v_4) + (u_1 + v_4) - (u_1 + v_3) + (u_2 + v_3) - (u_2 + v_1)$$
$$= c_{31} - (u_3 + v_1)$$

类似地，可以求得任一空格的检验数为

$$\sigma_{ij} = c_{ij} - (u_i + v_j) \tag{3.6}$$

(1)把表 3.16 中空格处的行、列位势相加，为区别起见，空格处的位势加上括号，如表 3.17 所示。

(2)用式(3.6)计算空格处的检验数，即用单位运价减去位势。

最终得到的检验数与用闭回路法求得的表 3.15 中的数字完全一致。

表 3.17 位势表(2)

项目	B₁		B₂		B₃		B₄		u_i
A₁	(2)	3	(9)	11	3	3	10	10	1
A₂	1	1	(8)	9	2	2	(9)	8	0
A₃	(−3)	7	4	4	(−2)	10	5	5	−4
V_j	1		8		2		9		

3. 初等算法

初等算法也称"初等变换法",这一方法由董云庭教授于 1984 年提出。以例 3.1 进行说明。步骤如下:

第一步:将空格处(即非基变量)的单位运价打上括号。

$$(3) \quad (11) \quad 3 \quad 10$$
$$1 \quad (9) \quad 2 \quad (8)$$
$$(7) \quad 4 \quad (10) \quad 5$$

第二步:作行初等变换。

对同一列中有两个或两个以上未打括号的数的列,按行的顺序在同一行对各数加上一个数,使同列中未打括号的数相等;

$$
\begin{array}{cccc}
(3) & (11) & 3 & 10 \\
1 & (9) & 2 & (8) \\
(7) & 4 & (10) & 5
\end{array}
\begin{array}{c} \\ +1 \\ +5 \end{array}
\rightarrow
\begin{array}{cccc}
(3) & (11) & 3 & 10 \\
2 & (10) & 3 & (9) \\
(12) & 9 & (15) & 10
\end{array}
$$

第三步:作列初等变换。

各列减去本列中未打括号的数,使未打括号的数全为 0,这时括号中的数字即为对应空格的检验数。

$$
\begin{array}{cccc}
(3) & (11) & 3 & 10 \\
2 & (10) & 3 & (9) \\
(12) & 9 & (15) & 10 \\
-2 & -9 & -3 & -10
\end{array}
\rightarrow
\begin{array}{cccc}
(1) & (2) & 0 & 0 \\
0 & (1) & 0 & (-1) \\
(10) & 0 & (12) & 0
\end{array}
$$

这与用闭回路法和位势法求得的检验数完全相同。

初等算法的基础仍是运输表中不存在闭回路,于是在对应的运价表中任意两行元素至多只可能有一个未打括号的数位于同一列,因此在列初等变换时,每列的差是唯一的。对该方法的合理性作如下解释:

仍以 σ_{31} 为例,若在运价表 A₂ 行同时加常数 m,按闭回路法计算可知

$$\sigma'_{31} = c_{31} - c_{34} + c_{14} - c_{13} + (c_{23} + m) - (c_{21} + m)$$
$$= c_{31} - c_{34} + c_{14} - c_{13} + c_{23} - c_{21}$$
$$= \sigma_{31}$$

这说明对于一种可行的运输方案，当运价表中某一行（或列）的各元素加上常数 m 时，空格处（非基变量）的检验数保持不变。初等算法不仅简化了计算，而且方法程序化，计算量不超过 $2mn - 1$ 次加减运算，在解决实际问题时实用性显著。

2.3　方案的调整

对于一个运输问题的可行解，若存在负的检验数，说明将这个非基变量变为基变量时，总费用会更小。若有两个或两个以上的负检验数，则一般选最小的，在运输表中找出这个负检验数对应的空格，做出闭回路，在满足所有约束条件的前提下，在空格处给予最大程度的运量，以得到另一个更好的基可行解。

一般步骤为：

第一步：确定换入变量。

若 $\sigma_{kl} = \min\{\sigma_{ij} \mid \sigma_{ij} < 0\}$，确定 x_{kl} 为换入变量。

第二步：确定换出变量。

(1)从空格 (A_k, B_l) 出发作闭回路，并对闭回路顶点在空格处从 1 开始依次编号。

(2)在偶数号顶点中，找出运量最小的顶点，记最小运量为 m，以该格子中的变量为换出变量。

第三步：作运量调整，得出新方案。

在闭回路上，奇数号格的运量 $+m$，偶数号格的运量 $-m$。调整后运量最小的偶数号格为空格，若偶数号格中有两个或更多运量恰为 0，则调整后仍为 0，视为数字格，以保证基变量的个数。

重新检验得到的新方案，若不是最优解，则重复以上步骤继续进行调整，直到求出最优解为止。

对例 3.1 中的初始可行解（表 3.15）进行改进。由于 $\sigma_{24} = -1 < 0$，故以 x_{24} 为换入变量，它对应的闭回路调整方案如表 3.18 所示。

表 3.18　闭回路调整方案

项目	B_1		B_2		B_3		B_4		产量
A_1	①	3	②	11	$4^{(+1)}$	3	$3^{(-1)}$	10	7
A_2	3	1	①	9	$1^{(-1)}$	2	⊖$1^{(+1)}$	8	4
A_3	⑩	7		4	⑫	10		3	5	9
销量	3		6		5		6		20

该闭回路的偶数顶点格位于 $(A_2，B_3)$ 和 $(A_1，B_4)$，由于 $m = \min\{1，3\} = 1$，故闭回路上调整后的运量为：$x_{13} = 5$，$x_{14} = 2$，$x_{24} = 1$，x_{23} 为换出变量。这就得到一组新的基可行解（见表 3.19）。

在表 3.19 中，用位势法或初等算法重新计算各非基变量的检验数。由于所有 $\sigma_{ij} \geq 0$，故这个解为最优解。此时的目标函数值为 $z = 5 \times 3 + 2 \times 10 + 3 \times 1 + 1 \times 8 + 6 \times 4 + 3 \times 5 = 85$，为最小运费。

表 3.19　最优解

项目	B_1		B_2		B_3		B_4		产量
A_1	0	3	②	11	5	3	2	10	7
A_2	3	1	②	9	①	2	1	8	4
A_3	⑨	7	6	4	⑫	10	3	5	9
销量	3		6		5		6		20

对这个解来说，因 $\sigma_{11} = 0$，若以 x_{11} 为换入变量则可再得一个解，且与上面的最优解的目标函数值相等，因此也是一个最优解，说明此运输问题有多个最优解。

第 3 节　产销不平衡的运输问题

前面讨论的是总产量等于总销量的运输问题，即以 $\sum_{i=1}^{m} a_i = \sum_{j=1}^{n} b_j$ 为前提的极小化问题。这是最简单、最理想的情况。在解决实际问题时，运输问题常常是产销不平衡的，但多数问题仍可以通过增加虚拟产地或销地转化为产销平衡的问题，下面分别来讨论。

3.1　产大于销的情况

数学模型为

$$\min z = \sum_{i=1}^{m} \sum_{j=1}^{n} c_{ij} x_{ij}$$

$$\text{s. t.} \begin{cases} \sum_{j=1}^{n} x_{ij} \leq a_i & i = 1，2，\cdots，m \\ \sum_{i=1}^{m} x_{ij} = b_j & j = 1，2，\cdots，n \\ x_{ij} \geq 0 \end{cases} \tag{3.7}$$

由于产大于销，考虑将多余物资就地存储，处理的方法是，虚设一个销地 B_{n+1}，销量为 $b_{n+1} = \sum_{i=1}^{m} a_i - \sum_{j=1}^{n} b_j$，这就相当于在约束条件前 m 个不等式中，引入 m 个松弛变量 $x_{i, n+1}(i = 1, 2, \cdots, m)$。这里的 $x_{i, n+1}$ 可以视为从产地 A_i 运往销地 B_{n+1} 的运输量，由于实际并不运送，它们的运费 $c_{i, n+1} = 0(i = 1, 2, \cdots, m)$。当然，实际应用中，转化的前提是就地存储比降低产量更划算。经过上述处理，模型就转化为产销平衡的运输问题了，见式(3.8)。

$$\min z = \sum_{i=1}^{m} \sum_{j=1}^{n} c_{ij} x_{ij}$$

$$\text{s. t.} \begin{cases} \sum_{j=1}^{n} x_{ij} + x_{i, n+1} = a_i & i = 1, 2, \cdots, m \\ \sum_{i=1}^{m} x_{ij} = b_j & j = 1, 2, \cdots, n \\ x_{ij} \geqslant 0, \ x_{i, n+1} \geqslant 0 \end{cases} \tag{3.8}$$

例 3.2 产地 A_1、A_2、A_3 的产量分别是 7、5、7 吨，销地 B_1、B_2、B_3、B_4 的销量分别是 2、3、4、6 吨，单位运价表如表 3.20 所示，试求总运费最小的调运方案。

表 3.20　单位运价表　　　　　　　　　　　单位：元/吨

项目	B_1	B_2	B_3	B_4
A_1	2	11	3	10
A_2	10	3	5	9
A_3	7	8	1	2

解 由题意知：总产量 $7+5+7=19$ 吨，总销量 $2+3+4+6=15$ 吨，产大于销的情况。

虚设销地 B_5，其销量为 $19-15=4$ 吨，各产地至 B_5 的运价为 0，构建产销平衡的运输表。用最小元素法确定初始方案并检验，将结果填入表 3.21 中。

表 3.21　运输表

项目	B_1		B_2		B_3		B_4		B_5		产量
A_1	2	2	②	11	⓪	3	3	10	⊖8	0	7
A_2	⑯	10	1	3	⑩	5	⑬	9	4	0	5
A_3	⑦	7	⊖1	8	4	1	3	2	⊖6	0	7
销量	2		3		4		6		4		19

进行方案的调整和检验，将最优解填入表 3.22 中。

表 3.22　最优解

项目	B₁	B₂	B₃	B₄	B₅	产量
A₁	2　[2]	11	3	10　[3]	0　[2]	7
A₂	10	3　[3]	5	9	0　[2]	5
A₃	7	8	1　[4]	2　[3]	0	7
销量	2	3	4	6	4	19

最优解中 $x_{15}=2$，$x_{25}=2$，表示产地 A_1、A_2 各有 2 吨产品就地存储，此时，最优值为 $z = 2 \times 2 + 3 \times 3 + 4 \times 1 + 3 \times 10 + 3 \times 2 + 2 \times 0 + 2 \times 0 = 53$。

3.2　销大于产的情况

数学模型为

$$\min z = \sum_{i=1}^{m} \sum_{j=1}^{n} c_{ij} x_{ij}$$

$$\text{s. t.} \begin{cases} \sum_{j=1}^{n} x_{ij} = a_i & i = 1,\ 2,\ \cdots,\ m \\ \sum_{i=1}^{m} x_{ij} \leqslant b_j & j = 1,\ 2,\ \cdots,\ n \\ x_{ij} \geqslant 0 \end{cases} \tag{3.9}$$

由于销大于产，可仿照上述类似的处理方法，虚设一个产地 A_{m+1}，产量为 $a_{m+1} = \sum_{j=1}^{n} b_j - \sum_{i=1}^{m} a_i$，这就相当于在约束条件后 n 个不等式中，引入 n 个松弛变量 $x_{m+1,\ j}(j = 1,\ 2,\ \cdots,\ n)$。这里的 $x_{m+1,\ j}$ 可以视为从产地 A_{m+1} 运往销地 B_j 的运输量，由于实际意义是这些产品缺货，因此它们的运费为 $c_{m+1,\ j} = 0(j = 1,\ 2,\ \cdots,\ n)$。经过上述处理，模型便可以按产销平衡的运输问题进行求解了。

$$\min z = \sum_{i=1}^{m} \sum_{j=1}^{n} c_{ij} x_{ij}$$

$$\text{s. t.} \begin{cases} \sum_{j=1}^{n} x_{ij} = a_i & i = 1,\ 2,\ \cdots,\ m \\ \sum_{i=1}^{m} x_{ij} + x_{m+1,\ j} = b_j & j = 1,\ 2,\ \cdots,\ n \\ x_{ij} \geqslant 0,\ x_{m+1,\ j} \geqslant 0 \end{cases} \tag{3.10}$$

例 3.3　产地 A_1、A_2、A_3 的产量分别是 50、50、60 吨，销地 B_1、B_2、B_3、B_4 的销量

分别是 40、55、60、20 吨，单位运价表如表 3.23 所示，试求总运费最小的调运方案。

表 3.23　单位运价表　　　　　　　　　　　　　单位：元/吨

项目	B_1	B_2	B_3	B_4
A_1	3	1	4	5
A_2	7	3	8	6
A_3	2	3	9	2

解　总产量 50+50+60＝160 吨，总销量 40+55+60+20＝175 吨，销大于产的情况。

虚设产地 A_4，其产量为 175−160＝15 吨，该产地至各销地的单位运价为 0，构建产销平衡的运输表。用最小元素法确定初始方案并检验，将结果填入表 3.24 中。

表 3.24　运输表

项目	B_1	B_2	B_3	B_4	产量
A_1	④　3	50　1	⊖2　4	⑥　5	50
A_2	⑥　7	5　3	45　8	⑤　6	50
A_3	25　2	⊖1　3	15　9	20　2	60
A_4	15　0	⊖2　0	⊖7　0	⑪　0	15
销量	40	55	60	20	175

从检验数为 − 7 的 (A_4，B_3)格处开始进行方案的调整和检验，并将最优解填入表 3.25 中。

表 3.25　最优解

项目	B_1	B_2	B_3	B_4	产量
A_1	3	5　1	45　4	5	50
A_2	7	50　3	8	6	50
A_3	40　2	0　3	9	20　2	60
A_4	0	0	15　0	0	15
销量	40	55	60	20	175

此时，最优值为 z＝40×2+5×1+50×3+0×3+45×4+15×0+20×2＝455。

最优解中 x_{43}＝15，表示销地 B_3 产品缺货 15 吨。

3.3　带弹性的产销不平衡问题

对产销不平衡的运输问题，比如销大于产，决策者往往会根据实际情况规定某些销地的需求为弹性需求，即分最低需求和最高需求。其中，最低需求部分必须满足，而超出最低需求的部分可满足可不满足，这类运输问题属于带弹性需求的产销不平衡运输问题。

例3.4　有三个化肥厂供应四个地区的农用化肥，各厂年产量（万吨）、各地区需求量（万吨）以及各厂到各地区的单位运价（万元/万吨）如表 3.26 所示，求总运费最小的运输方案。

表 3.26　运价表

项目	B₁	B₂	B₃	B₄	产量
A₁	16	13	22	17	50
A₂	14	13	19	15	60
A₃	19	20	23	20　—	50
最低需求量	30	70	0	10	
最高需求量	50	70	30	不限	

解　这是一个产销不平衡的运输问题，总产量 50+60+50＝160 万吨，四个地区的最低需求量 30+70+0+10＝110 万吨，最高需求为无限。根据现有产量，地区 B_4 每年最多能分配到 60 万吨，这样最高需求为 210 万吨，属于销大于产的问题。为了求得平衡，虚设产地 A_4，产量为 210−160＝50 万吨。由于各地区的需求量包含两部分，如销地 B_1，其中 30 万吨是最低需求量，不能由虚拟产地 A_4 供应，故设运价为 M（任意大正数）；而最高需求减去最低需求的差额 20 万吨，则可以由虚拟产地 A_4 供应，令运价为 0。对需求分两种情况的地区，实际上可以按照两个地区看待。另外（A_3，B_4）处无单位运价，可以理解成没有道路相连，因此同样可以设运价为 M。这样便可以得到该问题的运输表 3.27。

表 3.27　运输表

项目	B₁	B₁′	B₂	B₃	B₄	B₄′	产量
A₁	16	16	13	22	17	17	50
A₂	14	14	13	19	15	15	60
A₃	19	19	20	23	M	M	50
A₄	M	0	M	0	M	0	50
销量	30	20	70	30	10	50	210

根据表上作业法，求出这个问题的最优解，如表 3.28 所示。

表 3.28　最优解

项目	B_1	B_1'	B_2	B_3	B_4	B_4'	产量
A_1	16	16	50 ⌐13	22	17	17	50
A_2	14	14	20 ⌐13	10 ⌐19	30 ⌐15	15	60
A_3	30 ⌐19	20 ⌐19	0 ⌐20	23	M	M	50
A_4	M	0	M	30 ⌐0	20 ⌐M	0	50
销量	30	20	70	30	10	50	210

因此，化肥厂 A_1 供给 B_2 地区 50 万吨，A_2 供给 B_2、B_4 地区 20 万吨、40 万吨，A_3 供给 B_1 地区 50 万吨，总运费为 2 460 万元。

第 4 节　应用案例

例 3.5　某农场的土地 1 000 亩①，按土质及水源条件不同分为三类：B_1、B_2、B_3，分别有 300 亩、200 亩、500 亩；现有 A_1、A_2、A_3 三种作物种子，可供播种面积分别为 100 亩、500 亩、400 亩。已知各种作物每亩收益如表 3.29 所示。

表 3.29　各种作物每亩收益　　　　　　　　　　　　单位：元

项目	B_1	B_2	B_3
A_1	700	500	480
A_2	850	700	600
A_3	400	300	500

要求对作物进行合理布局。

解　土地面积与作物种子可播面积相等。用最大元素法确定初始方案并检验，结果如表 3.30 所示。

---

①　1 亩 ≈ 666.7 平方米。

表 3.30 例 3.5 结果

项目	B₁		B₂		B₃		产量
A₁	⑤⓪	700	0	500	100	480	100
A₂	300	850	200	700	-80	600	500
A₃	-270	400	-220	300	400	500	400
土地面积	300		200		500		

用闭回路法调整后得出最优方案。

最优解如表 3.31 所示，最优值为：$z^* = 643\,000$ 元。

表 3.31 最优解

项目	B₁		B₂		B₃		产量
A₁	0	700		500	100	480	100
A₂	300	850	200	700		600	500
A₃		400		300	400	500	400
土地面积	300		200		500		

例 3.6 已知某运输问题运价如表 3.32 所示，求最优调运方案。

表 3.32 运输运价表

项目	B₁	B₁	B₃	B₄	产量
A₁	4	不通	4	11	18
A₂	2	8	3	不通	16
A₃	8	5	11	6	20
销量	8	14	12	14	

解 这是一个产大于销的问题，因此设虚拟销地 B₅，各地至 B₅ 的运价为 0，各地至 B₅ 的总运量 = 总产量-总销量 = 18+16+20-8-14-12-14 = 6；又由于存在道路不通的情况，设大数 M 为不通道路的运价，求解过程如表 3.33~表 3.35 所示。

表 3.33　例 3.6 求解过程(1)

项目	B₁	B₂	B₃	B₄	B₅	产量
A₁	4	M	4	11	0	18
A₂	2	8	3	M	0	16
A₃	8	5	11	6	0	20
销量	8	14	12	14	6	54

表 3.34　用最小元素法给出初始方案

项目	B₁	B₂	B₃	B₄	B₅	产量
A₁	4	M	8 / 4	6 / 11	0	18
A₂	8 / 2	8	8 / 3	M	0	16
A₃	8	14 / 5	6 / 11	6	0	20
销量	8	14	12	14	6	54

表 3.35　检验最优性

项目	B₁	B₂	B₃	B₄	B₅	产量
A₁	(+1) / 4	(M−10) / M	8 / 4	6 / 11	0	18
A₂	8 / 2	(−1) / 8	8 / 3	(M−10) / M	(+1) / 0	16
A₃	(+10) / 8	14 / 5	(+12) / 11	6 / 6	(+5) / 0	20
销量	8	14	12	14	6	54

注意到 $\sigma_{22} = -1$，因此不是最优解。调整方案，从 A_2B_2 作闭回路。

找出偶数格最小运量 $m = 8$，所有奇数格运量 + 8，所有偶数格运量 − 8。这时，出现退化解，即 A_2B_3 格与 A_1B_4 格运量同时等于 0，因此，需要在这两个格中的任意一格添加一个 0 作为数字格。如令 $A_2B_3 = 0$，得新调运方案如表 3.36～表 3.38 所示。

表 3.36 出现退化解

项目	B₁	B₂	B₃	B₄	B₅	产量
A_1	4	M	4$^{(+8)}$ 4	8$^{(-8)}$ 11	6 0	18
A_2	8 2	$(-1)^{(+8)}$ 8	8$^{(-8)}$ 3	M	0	16
A_3	8	14$^{(-8)}$ 5	11	6$^{(+8)}$ 6	0	20
销量	8	14	12	14	6	54

表 3.37 新调运方案

项目	B₁	B₂	B₃	B₄	B₅	产量
A_1	4	M	12 4	11	6 0	18
A_2	8 2	8 8	0 3	M	0	16
A_3	8	6 5	11	14 6	0	20
销量	8	14	12	14	6	54

表 3.38 检验最优性

项目	B₁	B₂	B₃	B₄	B₅	产量
A_1	(+1) 4	$(M-9)$ M	12 4	(+1) 11	6 0	18
A_2	8 2	8 8	0 3	$(M-9)$ M	(+1) 0	16
A_3	(+9) 8	6 5	(+11) 11	14 6	(+4) 0	20
销量	8	14	12	14	6	54

由检验数可知已是最优解，最优值为 $\min z = 4 \times 12 + 2 \times 8 + 8 \times 8 + 5 \times 6 + 6 \times 14 = 242$。

例 3.7 某企业与用户签订了设备交货时间，已知该企业各季度的生产能力、每季度末的合同交货量和每台设备的生产成本如表 3.39 所示，若生产出的设备当季度不交货，每台设备每季度支付保管费用 0.1 万元，试问企业应如何安排生产计划，才能使费用最小？

表 3.39　企业数据表

季度	生产能力	合同交货量	生产成本/台
1	25	15	12
2	35	20	11
3	30	25	11.5
4	20	20	12.5

解　该问题可以用运输问题的思路来求解。其中，生产能力可以看作产量，交货量看作销售量，生产成本和保管费的和对应运价。总产量大于总销量，且本季度的产量只能用于本季度或以下季度的交货量，不能用于上季度的交货量(见表 3.40)。

以下可用运输问题表上作业法求解，过程略。

表 3.40　运输问题思路求解

季度	1	2	3	4	产量
1	12	12.1	12.2	12.3	25
2	M	11	11.1	11.2	35
3	M	M	11.5	11.6	30
4	M	M	M	12.5	20
销量	15	20	25	20	

例 3.8　有三个产地 A_1、A_2、A_3 生产同一种物品，使用者为 B_1、B_2、B_3，各产地到各使用者的单位运价如表 3.41 所示。这三个使用者的需求量分别为 10、4、6 个单位。由于销售需要和客观条件的限制，产地 A_1 至少要发出 6 个单位的产品，它最多只能生产 11 个单位的产品；A_2 必须发出 7 个单位的产品；A_3 至少发出 4 个单位的产品，试求最优运输方案。

表 3.41　单位运价表

项目	B_1	B_1	B_3
A_1	2	4	3
A_2	1	5	6
A_3	3	2	4

解　首先分析各地产量和销量(见表 3.42)。

表 3.42 各地产量和销量

项目	B_1	B_1	B_3	发货量
A_1	2	4	3	$\geqslant 6$
A_2	1	5	6	$=7$
A_3	3	2	4	$\geqslant 4$
需求量	10	4	6	

由于总需求量–总确定发货量$=(10+4+6)-(6+7+4)=3$，也就是说，这 3 个单位的量或从 A_1 发，或从 A_3 发。

因此，把 A_1 的发货量分为两部分，确定发货量 6 与不确定发货量 3；同理把 A_3 的发货量分为两部分，确定发货量 4 与不确定发货量 3。

建立虚拟需求地 B_4，其需求量为 3，其现实意义为 A_1 或 A_3 未发出的量。而 A_1、A_2、A_3 确定发货的量不能发至 B_4。结果如表 3.43 所示。

以下可用运输问题表上作业法求解，过程略。

表 3.43 分析结果

项目	B_1	B_2	B_3	B_4	产量
A_1'	2	4	3	0	3
A_1	2	4	3	M	6
A_2	1	5	6	M	7
A_3	3	2	4	M	4
A_3'	3	2	4	0	3
需求量	10	4	6	3	

例 3.9 某公司有 A_1、A_2 两个分厂生产某种产品，分别供应 B_1、B_2、B_3 三个地区的销售公司销售。假设两个分厂的产品质量相同，且有两个中转站 T_1、T_2，并且物资的运输允许在各产地、各销地及各中转站之间，即可以在 A_1、A_2、B_1、B_2、B_3、T_1、T_2 之间转运，有关数据如表 3.44 所示。

表 3.44　产地、销地及中转站的有关数据、运价　　　　　　单位：元/吨

项目		产地		中转站		销地			产量
		A_1	A_2	T_1	T_2	B_1	B_2	B_3	a_i
产地	A_1		1	2	1	3	11	3	7
	A_2	1		3	5	1	9	2	9
中转站	T_1	2	3		1	2	8	4	
	T_2	1	5	1		4	5	2	
销地	B_1	3	1	2	4		1		
	B_2	11	9	8	5	1		2	
	B_3	3	2	4	2	4	2		
销量	b_j					4	7	5	

试求总费用为最少的调运方案。

解　从表 3.44 可以看出，从 A_1 到 B_2 直接运费单价为 11（元/吨）；但从 A_1 经 A_2 到 B_2，运价 $1+9=10$（元/吨）；而从 A_1 经 T_2 到 B_2 只需 $1+5=6$（元/吨）；若从 A_1 到 A_2 再经 B_1 到 B_2 仅需 $1+1+1=3$（元/吨）。可见转运问题比一般的运输问题复杂。现在我们把此转运问题化成一般运输问题，要做以下处理。

（1）由于问题中的所有产地、中转站、销地都可以看成产地，也可以看成销地，因此整个问题可以看成一个有 7 个产地、7 个销地的扩大的运输问题。

（2）对扩大的运输问题建立运价表，将表 3.44 中不可能的运输方案用任意大的正数 M 代替。

（3）所有中转站的产量都等于销量，也即流入量等于流出量。由于运费最少时不可能出现一批物资来回倒运的现象，所以每个中转站的转运量不会超过 16 吨，可以规定 T_1、T_2 的产量和销量均为 16 吨。由于实际的转运量

$$\sum_{j=1}^{n} x_{ij} \leq s_i, \ i = 1, 2, \cdots, m$$

$$\sum_{i=1}^{m} x_{ij} \leq d_j, \ j = 1, 2, \cdots, n$$

式中，s_i 表示 i 点的流出量，d_j 表示 j 点的流入量，对中转点来说，按上面规定 $s_i = d_j = 16$。

这样可以在每个约束条件中增加一个松弛变量 x_{ii}，x_{ii} 相当于一个虚构的中转站，其意义就是自己运给自己。（$16 - x_{ii}$）就是每个中转站的实际转运量，x_{ii} 的对应运价 $c_{ii} = 0$。

（4）扩大了的运输问题中原来的产地和销地由于也具有转运作用，所以同样在原来的产量与销量的数字上加上 16 吨，即两个分厂的产量改为 23、25 吨，销量均为 16 吨；三个销地的每天销量改为 20、23、21 吨，产量均为 16 吨，同时引进 x_{ii} 为松弛变量。于是可以得到带有中转站的产销平衡运输表 3.45。

表 3.45　带有中转站的产销平衡运输表

项目		产地		中转站		销地			产量
		A_1	A_2	T_1	T_2	B_1	B_2	B_3	A_i
产地	A_1	0	1	2	1	3	11	3	23
	A_2	1	0	3	5	1	9	2	25
中转站	T_1	2	3	0	1	2	8	4	16
	T_2	1	5	1	0	4	5	2	16
销地	B_1	3	1	2	4	0	1	4	16
	B_2	11	9	8	5	1	0	2	16
	B_3	3	2	4	2	4	2	0	16
销量	b_j	16	16	16	16	20	23	21	128

以下可用运输问题表上作业法求解，过程略。

习　题

3.1　思考题。

以下几种情况，最优解是否改变？

(1)所有运价都增加 1。

(2)所有运价都乘以 2。

(3)某一行(或列)的所有运价都加 1。

(4)某一行(或列)的所有运价都乘以 2。

3.2　判别表 3.46 能否用表上作业法求出最优解。

表 3.46　3.2 题表

项目	B_1	B_2	B_3	B_4	产量
A_1			6	5	11
A_2	5	4		2	11
A_3		5	3		8
销量	5	9	9	7	

3.3　表 3.47、表 3.48 和表 3.49 中分别给出了运输问题的产销量及产地到销地间的单位运价，请用表上作业法求出各自的最优解。

表 3.47　3.3 题表(1)

项目	B₁	B₂	B₃	B₄	产量
A₁	9	18	1	10	9
A₂	11	6	8	18	10
A₃	14	12	2	16	6
销量	4	9	7	5	

表 3.48　3.3 题表(2)

项目	B₁	B₂	B₃	B₄	产量
A₁	4	1	4	6	8
A₂	1	2	5	0	8
A₃	3	7	5	1	4
销量	6	5	6	3	

表 3.49　3.3 题表(3)

项目	B₁	B₂	B₃	B₄	产量
A₁	9	3	8	7	3
A₂	4	9	4	5	3
A₃	5	7	6	2	5
销量	1	3	2	5	

3.4　已知某运输问题的运价与产量、销量如表 3.50 所示，求最优运输方案。

表 3.50　3.4 题表

项目	B₁	B₂	B₃	B₄	产量
A₁	5	12	3	4	8
A₂	11	8	5	9	5
A₃	9	7	1	5	9
销量	4	3	5	6	

3.5　已知某运输问题的运价与产量、销量如表 3.51 所示，求最优运输方案。

表 3.51　3.5 题表

项目	B₁	B₂	B₃	产量
A₁	10	16	32	15
A₂	14	22	40	7
A₃	22	24	34	16
销量	12	8	20	

3.6　某玩具公司分别生产三种新型玩具，每月可供量分别为 1 000 件、2 000 件和 2 000 件，它们分别被送到甲、乙、丙三个百货商店销售。已知每月百货商店各类玩具预期销售量均为 1 500 件，由于经营方面原因，各商店销售不同玩具的盈利额不同（见表 3.52）。又知丙百货商店要求至少供应 C 玩具 1 000 件，而拒绝进 A 玩具。求满足上述条件下使总盈利额为最大的供销分配方案。

表 3.52　各商店销售不同玩具的盈利额

项目	甲	乙	丙	可供量
A	5	4	—	1 000
B	16	8	9	2 000
C	12	10	11	2 000

3.7　已知甲、乙两处分别有 70 吨和 55 吨物资外运，A、B、C 三处各需要物资 35 吨、40 吨、50 吨。物资可以直接运达目的地，也可以经某些点转运，已知各处之间的距离（单位：千米）如表 3.53、表 3.54 和表 3.55 所示。试确定一种最优的调运方案。

表 3.53　3.7 题表（1）

项目	甲	乙
甲	0	12
乙	10	0

表 3.54　3.7 题表（2）

项目	A	B	C
甲	10	14	12
乙	15	12	18

表 3.55　3.7 题表（3）

项目	A	B	C
A	0	14	11
B	10	0	4
C	8	12	0

3.8　甲、乙、丙三个城市每年需要煤炭量分别为 320 万吨、250 万吨、350 万吨，由 A、B 两处煤矿负责供应，其供应量分别为 400 万吨、450 万吨。由煤矿至各城市的单位运

价(万元/万吨)如表 3.56 所示。由于需求大于供应,所以决定甲城市供应量可减少 0~30 万吨,乙城市需求量必须全部满足,丙城市供应量不少于 270 吨。试求总运费最低的调运方案(将可供煤炭量用完)。

表 3.56 3.8 题表

项目	B_1	B_2	B_3
A_1	15	18	22
A_2	21	25	16

第 4 章　动态规划

在线性规划中，决策变量是以集合的形式被一次性处理的，但有时会面对决策变量需分期、分批处理的多阶段决策问题。动态规划(Dynamic Programming)是解决多阶段决策过程最优化问题的一种方法，于 20 世纪 50 年代提出，并由理查德·贝尔曼(Richard Bellman)引入"最优化原理"，为动态规划奠定了坚实的基础。动态规划在运筹学、控制论、管理科学等领域的发展中，都发挥了无可替代的领军作用，特别是对于离散问题，由于解析数学无法发挥作用，动态规划是一种非常有用的工具。

本章介绍动态规划中的基本概念、原理和方法，对解决动态规划问题的顺推法和逆推法进行了详细的阐述，并举例说明动态规划在实际中的应用。

第 1 节　多阶段决策问题

动态规划可用于解决最优路径问题、资源分配问题、生产存储问题、投资决策问题、装载问题、排序问题及生产过程的最优控制问题等，这些问题都属于多阶段决策问题。多阶段决策是指对于一类决策过程，可以按时间或空间顺序分解成若干个相互联系的阶段，在每个阶段都有多种可供选择的方案，从中选取一种方案，也就是做出决策，便可以得到一个确定的或随机的效果，全部过程的决策是一个决策序列，称为策略。多阶段决策问题，就是要在所有可能采取的策略中选取一个最优策略，使得在预定的标准下达到最好的效果。

下面是几个多阶段决策问题的示例。

例 4.1　(最优路径问题)线路网络如图 4.1 所示，要从 A 到 E 铺设管线，中间需要经过三个中间站，两点之间连线上的数字表示距离，选择什么路线，才能使总距离最短？

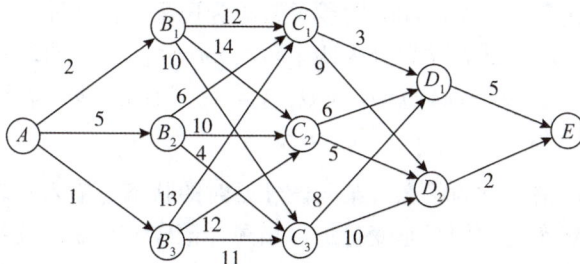

图 4.1　(最优路径问题)线路网络

该问题可划分为四个阶段的决策问题，第一阶段从 A 到 $B_j(j = 1, 2, 3)$，有三种方案可选；第二阶段从 B_j 到 $C_j(j = 1, 2, 3)$，也有三种方案可选；第三阶段从 C_j 到 $D_j(j = 1, 2)$，有两种方案可选；第四阶段从 D_j 到 E，只有一种方案可选。如果用完全枚举法，则可供选择的路线有 $3×3×2×1 = 18$ 种。这显然是一个多阶段决策问题。

例 4.2 (资源分配问题)某设备可以在高负荷和低负荷两种模式下工作。高负荷下产品年产量 Q_1 与投入生产的完好设备数量 x_1 的关系为 $Q_1 = g(x_1)$，设备年使用完好率为 $\alpha(0 < \alpha < 1)$；低负荷下产品年产量 Q_2 与投入生产的完好设备数量 x_2 的关系为 $Q_2 = h(x_2)$，设备年使用完好率为 $\beta(0 < \beta < 1)$；计划期开始时完好设备数为 s_1。试制订一个 n 年的设备负荷分配计划，使 n 年总产量最大。

例 4.3 (投资决策问题)某公司现有资金 Q 亿元，在今后五年内考虑给 A、B、C、D 四个项目投资，这些项目的投资期限、回报率均不相同，问应如何确定这些项目每年的投资额，使得到第五年年末时拥有资金的本利总额最大。

例 4.4 (生产与存储问题)某工厂每月需供应市场一定数量的产品，剩余产品应存入仓库。一般来说，某月适当增加产量可降低生产成本，但超产部分存入仓库会增加库存费用，因此要确定一个每月的生产计划，在满足需求条件下，使一年的生产与存储费用之和最小。

此外，还有采购问题、设备更新问题等，均具有多阶段决策问题的特征，都可以用动态规划方法求解。具体方法在本章第 4 节中讨论。

以上问题虽然具体意义各不相同，但也具有一些共同的特点，即都可以看成是多阶段决策问题。

第 2 节 动态规划的基本概念和最优性原理

2.1 动态规划的基本概念

运用动态规划求解多阶段决策问题，首先要将问题写成动态规划模型，再进行求解，动态规划模型中用到的概念和符号如下。

1. 阶段(Stage)

一个问题分为若干个适当的子问题，这些子问题就是阶段。描述阶段的变量称为阶段变量，用 k 表示。阶段的划分一般是根据时间和空间的自然特征来进行的，但要便于将问题转化为多阶段决策过程。一个问题的阶段总数称为历程，记作 n。

例如，例 4.1 中，从 A 到 E 共划分为四个阶段，$n = 4$。第一阶段从 A 到 B，$k = 1$；第二阶段从 B 到 C，$k = 2$；第三阶段从 C 到 D，$k = 3$；第四阶段从 D 到 E，$k = 4$。

2. 状态(State)

各阶段可能出现的情形称为状态，某阶段开始时的状态为输入状态，结束时的状态为输出状态。各阶段的状态通常用状态变量加以描述，记作 s_k。状态变量 s_k 的取值集合称为状态允许集合，记作 S_k。

例如，例 4.1 中，第一阶段的状态为 A；第二阶段有三个状态：B_1、B_2、B_3；第三阶段有三个状态：C_1、C_2、C_3；第四阶段状态有两个状态：D_1、D_2；各阶段的状态允许集合为：

$$S_1 = \{A\}, \ S_2 = \{B_1, \ B_2, \ B_3\}, \ S_3 = \{C_1, \ C_2, \ C_3\}, \ S_4 = \{D_1, \ D_2\}$$

状态变量是动态规划中最关键的一个参数，它既是前面各阶段决策的结束点，又是本阶段做出决策的出发点。状态变量应具有无后效性(也称为马尔科夫性)，即如果某阶段状态给定后，则该阶段以后过程的发展不受此阶段以前各阶段状态的影响。

3. 决策(Decision)

当各阶段的状态选定以后，可以做出不同的决定(或选择)，从而确定下一阶段的状态，这种决定(或选择)称为决策。表述决策的变量称为决策变量，用 $x_k(s_k)$ 表示第 k 阶段当状态为 s_k 时的决策变量。实际问题中，决策变量的取值往往限制在某一范围内，此范围称为决策允许集合，用 $D_k(s_k)$ (或 $X_k(s_k)$) 表示第 k 阶段从状态 s_k 出发的决策允许集合，显然 $x_k(s_k) \in D_k(s_k)$。

例如，在例 4.1 中，$X_2(B_1) = \{B_1C_1, \ B_1C_2, \ B_1C_3\}$，表示在第二阶段当状态是 B_1 时，选择的方案可以是 B_1C_1、B_1C_2、B_1C_3。当选择 C_3 时，可以表示为 $x_2(B_1) = C_3$。

4. 策略(Policy)与子策略(Sub-policy)

当各个阶段的决策确定以后，各阶段的决策形成一个决策序列，称为策略。使系统达到最优效果的策略称为最优策略。在 n 阶段决策过程中，从第 k 阶段到第 n 阶段(即终点)的过程称为 k 后部子过程(或称 k 子过程)，k 后部子过程相应的决策序列称为 k 后部子过程策略，简称子策略，记为 $P_{k, n}(s_k)$，即

$$P_{k, n}(s_k) = \{x_k(s_k), \ x_{k+1}(s_{k+1}), \ \cdots, \ x_n(s_n)\} \tag{4.1}$$

当 $k = 1$ 时，即由第一阶段某个状态出发做出的决策序列便是策略，记为 $P_{1, n}(s_k)$，即

$$P_{1, n}(s_k) = \{x_1(s_1), \ x_2(s_2), \ \cdots, \ x_n(s_n)\} \tag{4.2}$$

5. 状态转移方程(State Transfer Equation)

动态规划中，本阶段的状态往往是上一个阶段的状态和上一个阶段决策共同作用的结果，因此，s_{k+1} 是 s_k 和 $x_k(s_k)$ 的函数，即

$$s_{k+1} = T_k(s_k, \ x_k) \tag{4.3}$$

这种表示从第 k 阶段到第 $k + 1$ 阶段状态转移规律的方程称为状态转移方程，它反映了系统状态转移的递推规律。状态转移方程是建立动态规划数学模型的难点之一。

6. 指标函数(Index Function)

衡量某一阶段决策效果的数量指标称为阶段指标，记为 $v_k(s_k, x_k)$。阶段指标可以是距离、利润、成本、产量或资源消耗等，表示某一阶段决策对目标的贡献。用于衡量已完成子策略优劣的数量指标称为指标函数，记为 $V_{k, n}$，有

$$V_{k, n} = V_{k, n}(s_k, \ x_k, \ s_{k+1}, \ x_{k+1}, \ \cdots, \ s_n, \ x_n) \tag{4.4}$$

常见的指标函数形式有两种：

(1) k 后部子过程的指标函数是它所包含的各阶段指标的和，即

$$V_{k, n} = \sum_{j=k}^{n} v_j(s_j, \ x_j) = v_k + V_{k+1, n} \tag{4.5}$$

（2）k 后部子过程的指标函数是它所包含的各阶段指标的积，即

$$V_{k,\,n} = \prod_{j=k}^{n} v_j(s_j,\ x_j) = v_k \cdot V_{k+1,\,n} \tag{4.6}$$

7. 最优指标函数（Optimal Function）

从第 k 阶段起的最优子策略所对应的过程指标函数称为最优指标函数，记为 $f_k(s_k)$，表示从第 k 阶段状态 s_k 出发，采取最优策略 $P_{k,\,n}^{*}(s_k)$ 的最优指标函数值，即

$$f_k(s_k) = \underset{D_k}{\mathrm{opt}} V_{k,\,n} \tag{4.7}$$

其中，opt 是 Optimization（优化）的缩写，根据问题的性质取 max 或 min。

2.2　动态规划的基本原理与数学模型

1. 动态规划的最优性原理

理查德·贝尔曼认为，作为整个过程的最优策略，应当具有这样的性质：无论过去的状态和决策如何，对先前决策所形成的状态而言，余下的所有决策必然构成最优策略。根据这一原理，计算动态规划问题的递推关系式称为动态规划基本方程。

2. 动态规划基本方程

动态规划基本方程也称为 Bellman 方程。设第 k 阶段状态 s_k，当执行决策 x_k 后，状态变为式（4.3），k 子过程缩减为 $k+1$ 子过程。

当指标函数为求和形式（4.5）时，将式（4.3）代入式（4.7）中，基本方程为

$$f_k(s_k) = \underset{D_k}{\mathrm{opt}} V_{k,\,n} = \underset{D_k}{\mathrm{opt}} \sum_{j=k}^{n} v_j(s_j x_j) = \underset{D_k}{\mathrm{opt}} \big[v_k(s_k,\ x_k) + f_{k+1}(s_{k+1}) \big]$$
$$= \underset{D_k}{\mathrm{opt}} \big\{ v_k(s_k,\ x_k) + f_{k+1}[T_k(s_k,\ x_k)] \big\} \tag{4.8}$$

其中，$k = n,\ n-1,\ \cdots,\ 1$。此外还需要递推的初始值 $f_{n+1}(s_{n+1}) = 0$ 或常数，称为边界条件。

当指标函数为求积形式（4.6）时，基本方程为

$$f_k(s_k) = \underset{D_k}{\mathrm{opt}} V_{k,\,n} = \underset{D_k}{\mathrm{opt}} \prod_{j=k}^{n} v_j(s_j x_j) = \underset{D_k}{\mathrm{opt}} \big[v_k(s_k,\ x_k) \cdot f_{k+1}(s_{k+1}) \big]$$
$$= \underset{D_k}{\mathrm{opt}} \big\{ v_k(s_k,\ x_k) \cdot f_{k+1}[T_k(s_k,\ x_k)] \big\} \tag{4.9}$$

其中，$k = n,\ n-1,\ \cdots,\ 1$。边界条件 $f_{n+1}(s_{n+1}) = 1$ 或其他非零常数。

3. 动态规划模型

动态规划数学模型虽然没有统一的形式，但是建模过程和要素大致是相同的。

（1）划分阶段。

划分阶段是运用动态规划求解多阶段决策问题的第一步。若问题本身有阶段性，则应正确辨别时间关系；若问题本身是非阶段性的，则应合理设置阶段。

（2）确定状态变量和状态允许集合。

状态变量一般选成各阶段联系的因素，选取原则是尽量减少维数。

（3）确定决策变量和决策允许集合。

决策变量的选取关键在于由此做出的决策是否无后效性，要把（2）和（3）结合在一起考虑。

(4)写出状态转移方程。

(5)写出指标函数。

(6)写出最优函数。

按以上过程得出动态规划基本方程后，便可以进行求解了。

最后，动态规划模型按变量是离散变量或连续变量，以及过程是确定过程或随机过程，模型可分为离散确定型、离散随机型、连续确定型和连续随机型四种类型。如例4.1中的最优路径问题就是离散确定型的动态规划问题。

第3节 动态规划的求解方法

动态规划有两种求解方法：逆序解法和顺序解法，其中逆序解法较为常用。以例4.1为例，分别对两种方法进行说明。

3.1 逆序解法

1. 建模

设阶段为 $k = 1, 2, 3, 4$；状态 s_k 为第 k 阶段初所处的位置；决策变量 x_k 是第 k 阶段选择的路径；阶段指标 $v_k(s_k, x_k)$ 是第 k 阶段选择的路线对应的长度；指标函数 $V_{k,n}$ 为求和形式；最优函数为 $f_k(s_k)$。则动态规划基本方程为

$$\begin{cases} f_k(s_k) = \min\limits_{D_k, \ k=1, 2, 3, 4} \{ v_k(s_k, x_k) + f_{k+1}(s_{k+1}) \} \\ f_5(s_5) = 0 \end{cases} \tag{4.10}$$

2. 求解

第一步，在图4.1中 E 点处标记边界条件 $f_5(s_5) = 0$，如图4.2所示。

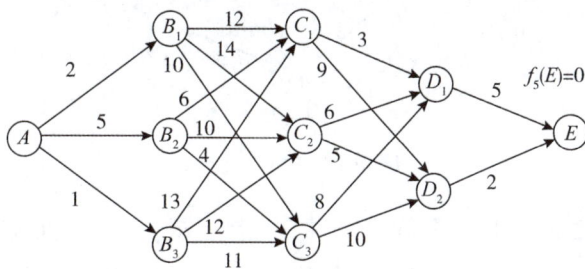

图4.2 求解第一步

第二步，在第四阶段，即当 $k = 4$ 时，状态允许集合 $S_4 = \{D_1, D_2\}$。

决策允许集合 $X_4(D_1) = \{D_1 E\}$，$X_4(D_2) = \{D_2 E\}$。

对状态 D_1：$f_4(D_1) = D_1 E + f_5(E) = 5 + 0 = 5$；

对状态 D_2：$f_4(D_2) = D_2 E + f_5(E) = 2 + 0 = 2$。

第二步如图4.3所示。

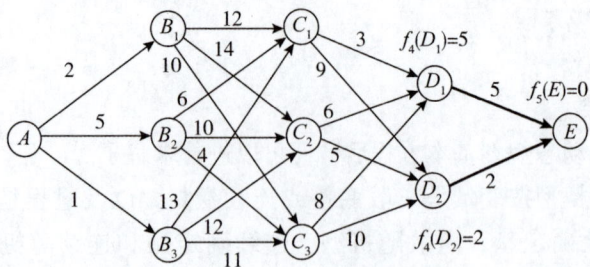

图 4.3　求解第二步

第三步，当 $k = 3$ 时，状态允许集合 $S_3 = \{C_1, C_2, C_3\}$。决策允许集合 $X_3(C_1) = \{C_1D_1, C_1D_2\}$，$X_3(C_2) = \{C_2D_1, C_2D_2\}$，$X_3(C_3) = \{C_3D_1, C_3D_2\}$。

对状态 C_1：$f_3(C_1) = \min \begin{Bmatrix} C_1D_1 + f_4(D_1) \\ C_1D_2 + f_4(D_2) \end{Bmatrix} = \min \begin{Bmatrix} 3 + 5 \\ 9 + 2 \end{Bmatrix} = 8$。

这说明从 C_1 到终点最短路径长为 8，最优路径为 $C_1 \to D_1 \to E$，相应的决策为 $x_3(C_1) = D_1$。同理对状态 C_2、C_3 有

$$f_3(C_2) = \min \begin{Bmatrix} C_2D_1 + f_4(D_1) \\ C_2D_2 + f_4(D_2) \end{Bmatrix} = \min \begin{Bmatrix} 6 + 5 \\ 5 + 2 \end{Bmatrix} = 7$$

$$f_3(C_3) = \min \begin{Bmatrix} C_3D_1 + f_4(D_1) \\ C_3D_2 + f_4(D_2) \end{Bmatrix} = \min \begin{Bmatrix} 8 + 5 \\ 10 + 2 \end{Bmatrix} = 12$$

分别将不同状态下的最优路径加粗标记在图 4.4 中。

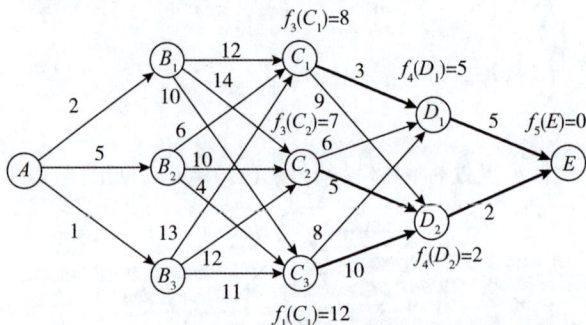

图 4.4　求解第三步

第四步，当 $k = 2$ 时，状态允许集合 $S_2 = \{B_1, B_2, B_3\}$。决策允许集合 $X_2(B_1) = \{B_1C_1, B_1C_2, B_1C_3\}$，$X_2(B_2) = \{B_2C_1, B_2C_2, B_2C_3\}$，$X_2(B_3) = \{B_3C_1, B_3C_2, B_3C_3\}$。

用第三步中相同的方法，分别确定 B_1、B_2、B_3 状态下的最优函数：

$$f_2(B_1) = \min \begin{Bmatrix} 12 + 8 \\ 14 + 7 \\ 10 + 12 \end{Bmatrix} = 20,\ f_2(B_2) = \min \begin{Bmatrix} 6 + 8 \\ 10 + 7 \\ 4 + 12 \end{Bmatrix} = 14,\ f_2(B_3) = \min \begin{Bmatrix} 13 + 8 \\ 12 + 7 \\ 11 + 12 \end{Bmatrix} = 19$$

把最优路径加粗，分别标记在图 4.5 中。

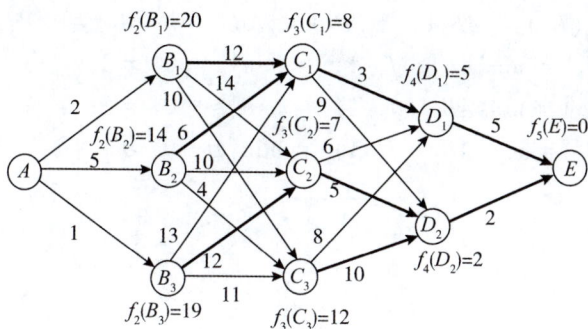

图 4.5 求解第四步

第五步，当 $k=1$ 时，状态允许集合 $S_1=\{A\}$。决策允许集合 $X_2(A)=\{AB_1$，AB_2，$AB_3\}$。最优函数为

$$f_1(A)=\min\begin{Bmatrix}AB_1+f_2(B_1)\\AB_2+f_2(B_2)\\AB_3+f_2(B_3)\end{Bmatrix}=\min\begin{Bmatrix}2+20\\5+14\\1+19\end{Bmatrix}=19$$

至此，最优策略为 $A\rightarrow B_2\rightarrow C_1\rightarrow D_1\rightarrow E$，即最短路径长为 19，如图 4.6 所示。

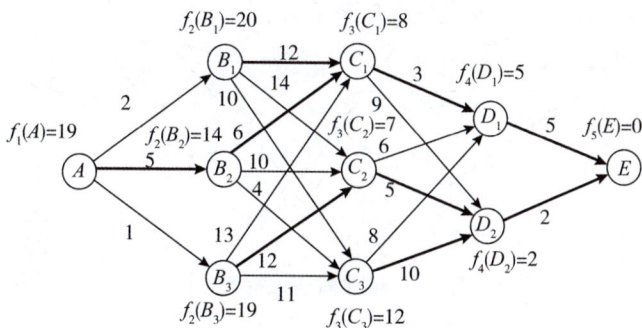

图 4.6 最短路径的逆序求解

3.2 顺序解法

1. 建模

设阶段为 $k=1$，2，3，4；状态 s_k 为第 k 阶段初所处的位置；决策变量 x_k 是第 k 阶段选择的路径；阶段指标 $v_k(s_k, x_k)$ 是第 k 阶段选择的路线对应的长度；指标函数 $V_{k, n}$ 为求和形式；最优函数为 $f_k(s_k)$。则动态规划基本方程为

$$\begin{cases}f_k(s_k)=\min\limits_{D_k, k=1, 2, 3, 4}\{v_k(s_k, x_k)+f_{k-1}(s_{k-1})\}\\f_0(s_0)=0\end{cases}\tag{4.11}$$

2. 求解

第一步，在图 4.1 中 A 点处标记边界条件 $f_0(s_0)=0$，表示从起始点到 A 点的最短距离为 0。如图 4.7 所示。

第二步，当 $k=1$ 时，状态允许集合 $S_1=\{B_1$，B_2，$B_3\}$。

决策允许集合 $X_1(B_1) = \{AB_1\}$，$X_1(B_2) = \{AB_2\}$，$X_1(B_3) = \{AB_3\}$。

对状态 B_1：$f_1(B_1) = \min\{AB_1 + f_0(A)\} = \min\{2 + 0\} = 2$；

对状态 B_2：$f_1(B_2) = \min\{AB_2 + f_0(A)\} = \min\{5 + 0\} = 5$；

对状态 B_3：$f_1(B_3) = \min\{AB_3 + f_0(A)\} = \min\{1 + 0\} = 1$。

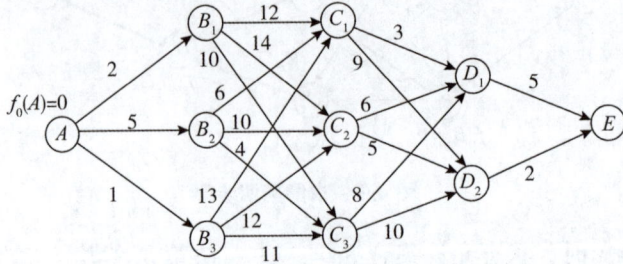

图 4.7　顺序解法求解第一步

把三种状态的最优函数标记在对应状态处，并将第一阶段三种状态下各自的最优路线加粗，如图 4.8 所示。

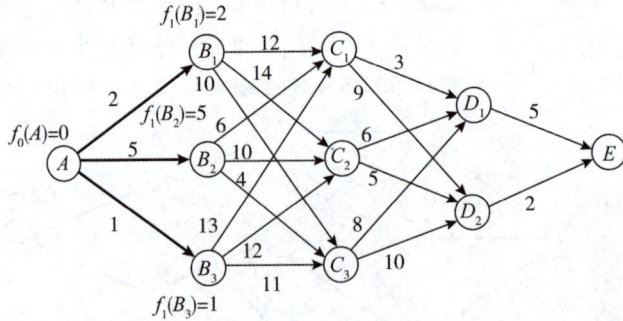

图 4.8　顺序解法求解第二步

第三步，当 $k = 2$ 时，状态允许集合 $S_2 = \{C_1, C_2, C_3\}$。决策允许集合

$X_2(C_1) = \{B_1C_1, B_2C_1, B_3C_1\}$，$X_2(C_2) = \{B_1C_2, B_2C_2, B_3C_2\}$，$X_2(C_3) = \{B_1C_3, B_2C_3, B_3C_3\}$

对状态 C_1，最优函数为

$$f_2(C_1) = \min\begin{Bmatrix} B_1C_1 + f_1(B_1) \\ B_2C_1 + f_1(B_2) \\ B_3C_1 + f_1(B_3) \end{Bmatrix} = \min\begin{Bmatrix} 2 + 12 \\ 6 + 5 \\ 13 + 1 \end{Bmatrix} = 11$$

同样地，状态 B_2、B_3 的最优函数为

$$f_2(C_2) = \min\begin{Bmatrix} 14 + 2 \\ 10 + 5 \\ 12 + 1 \end{Bmatrix} = 13, \quad f_2(C_3) = \min\begin{Bmatrix} 10 + 2 \\ 4 + 5 \\ 11 + 1 \end{Bmatrix} = 9$$

如图 4.9 所示。

第四步，当 $k = 3$ 时，状态允许集合 $S_3 = \{D_1, D_2\}$。

决策允许集合 $X_3(D_1) = \{C_1D_1, C_2D_1, C_3D_1\}$，$X_3(D_2) = \{C_1D_2, C_2D_2, C_3D_2\}$。

分别计算状态 D_1、D_2 的最优函数

$$f_3(D_1) = \min\begin{Bmatrix} 3 + 11 \\ 6 + 13 \\ 8 + 9 \end{Bmatrix} = 14, \quad f_3(D_2) = \min\begin{Bmatrix} 9 + 11 \\ 5 + 13 \\ 10 + 9 \end{Bmatrix} = 18$$

最优路径加粗标记在图 4.10 中。

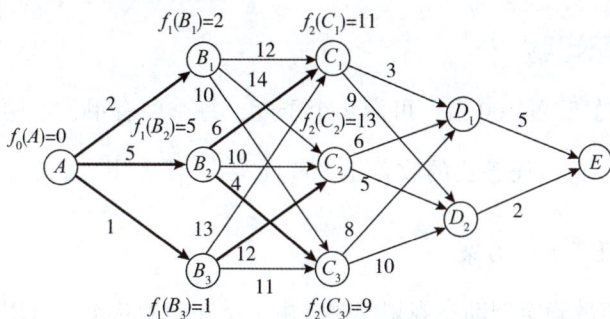

图 4.9　顺序解法求解第三步

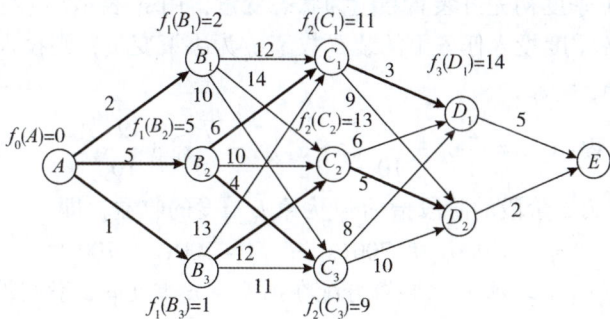

图 4.10　顺序解法求解第四步

第五步，当 $k = 4$ 时，状态允许集合 $S_4 = \{E\}$。决策允许集合 $X_4(E) = \{D_1E, D_2E\}$。最优函数为

$$f_4(E) = \min\{5 + 14, \ 2 + 18\} = 19$$

该结论说明在第四阶段 E 状态下的最优策略为 $A \to B_2 \to C_1 \to D_1 \to E$，即最短路径，长度为 19，如图 4.11 所示。

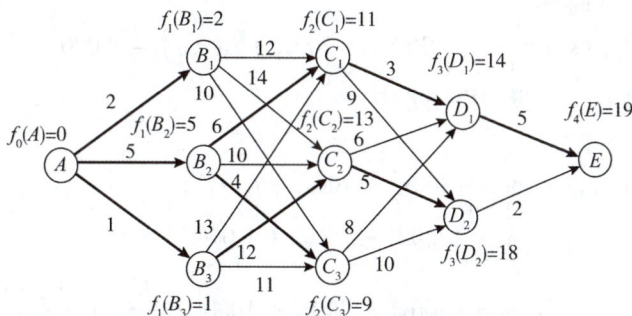

图 4.11　最短路的顺序求解

两种解法的比较：

逆序解法可以求出各点到终点的最短路径和长度；顺序解法可以求出起始点到各点的最短路径和长度。一般而言，当给定初始状态时，用逆序解法；当给定结束状态时，用顺序解法。

第 4 节　动态规划的应用

4.1　资源分配问题

例 4.5　现有完好装置 100 台，可用 4 个季度，每季度有甲、乙两种任务，已知任务甲的收益是 1 000 元/台，任务乙的收益是 700 元/台，任务甲、乙各自的损耗率是 $\dfrac{1}{3}$ 和 $\dfrac{1}{10}$。求最大收益的任务分配方案。

解　本题属于离散确定型动态规划问题，由于已知初始状态，可用逆序解法求解。

（1）阶段变量：设 4 个季度为 4 个阶段，用 k 表示，$k = 1，2，3，4$。

（2）状态变量：k 季度初完好装置数量为状态变量，用 s_k 表示。

（3）决策变量：k 季度投入任务甲的装置数量 x_k 为决策变量，则投入任务乙的装置数量为 $s_k - x_k$，有 $0 \leq x_k \leq s_k$。

（4）状态转移方程：$s_{k+1} = \dfrac{2}{3}x_k + \dfrac{9}{10}(s_k - x_k) = -\dfrac{7}{30}x_k + \dfrac{9}{10}s_k$。

（5）阶段指标：第 k 阶段的阶段指标 v_k 为第 k 季度的收益，即

$$v_k = 1\,000x_k + 700(s_k - x_k) = 300x_k + 700s_k$$

（6）最优函数：$f_k(s_k)$ 表示 s_k 台装置分配在第 $k \sim n$ 季度后，获得的最大收益，即

$$f_k(s_k) = \max_{0 \leq x_k \leq s_k} \{v_k(s_k，x_k) + f_{k+1}(s_{k+1})\}$$

因此，动态规划基本方程为

$$\begin{cases} f_k(s_k) = \max\limits_{0 \leq x_k \leq s_k} \left\{ 300x_k + 700s_k + f_{k+1}\left(-\dfrac{7}{30}x_k + \dfrac{9}{10}s_k \right) \right\} \\ f_5(s_5) = 0 \end{cases}$$

接下来求解。

第一步：当 $k = 4$ 时

$$f_4(s_4) = \max_{0 \leq x_4 \leq s_4} \{300x_4 + 700s_4 + f_5(s_5)\} = 1\,000s_4$$

即 $x_4^* = s_4$，表示将 s_4 全部投到甲任务中。

第二步：当 $k = 3$ 时

$$\begin{aligned} f_3(s_3) &= \max_{0 \leq x_3 \leq s_3} \{300x_3 + 700s_3 + f_4(s_4)\} \\ &= \max_{0 \leq x_3 \leq s_3} \{300x_3 + 700s_3 + 1\,000s_4\} \\ &= \max_{0 \leq x_3 \leq s_3} \left\{ 300x_3 + 700s_3 + 1000\left(-\dfrac{7}{30}x_3 + \dfrac{9}{10}s_3 \right) \right\} \\ &= \max_{0 \leq x_3 \leq s_3} \left\{ \dfrac{200}{3}x_3 + 1\,600s_3 \right\} \\ &= \dfrac{5\,000}{3}s_3 \end{aligned}$$

即 $x_3^* = s_3$，表示将 s_3 全部投到甲任务中。

第三步：当 $k = 2$ 时

$$f_2(s_2) = \max_{0 \leqslant x_2 \leqslant s_2} \{300x_2 + 700s_2 + f_3(s_3)\}$$

$$= \max_{0 \leqslant x_2 \leqslant s_2} \left\{300x_2 + 700s_2 + \frac{5\,000}{3}s_3\right\}$$

$$= \max_{0 \leqslant x_2 \leqslant s_2} \left\{300x_2 + 700s_2 + \frac{5\,000}{3}\left(-\frac{7}{30}x_2 + \frac{9}{10}s_2\right)\right\}$$

$$= \max_{0 \leqslant x_2 \leqslant s_2} \left\{-\frac{800}{9}x_2 + 2\,200s_2\right\}$$

$$= 2\,200s_2$$

即 $x_2^* = 0$，表示将 s_2 全部投到乙任务中。

第四步：当 $k = 1$ 时

$$f_1(s_1) = \max_{0 \leqslant x_1 \leqslant s_1} \{300x_1 + 700s_1 + 2\,200s_2\}$$

$$= \max_{0 \leqslant x_1 \leqslant s_1} \left\{300x_1 + 700s_1 + 2\,200\left(-\frac{7}{30}x_1 + \frac{9}{10}s_1\right)\right\}$$

$$= \max_{0 \leqslant x_2 \leqslant s_2} \left\{\left(300 - \frac{1\,540}{3}\right)x_1 + 2\,680s_1\right\}$$

$$= 2\,680s_1$$

即 $x_1^* = 0$，表示将 s_1 全部投到乙任务中。

已知 $s_1 = 100$，所以 $f_1(s_1) = 2\,680 \times 100 = 268\,000$ 元。最优分配方案是：第一季度，$s_1^* = 100$，$x_1^* = 0$，100 台投入乙任务；第二季度，$s_2^* = 90$，$x_2^* = 0$，90 台投入乙任务；第三季度，$s_3^* = 81$，$x_3^* = 81$，81 台投入甲任务；第四季度，$s_4^* = 54$，$x_4^* = 54$，54 台投入甲任务；第四季度末，$s_5^* = 36$，说明还剩余 36 台完好装置。

4.2 投资决策问题

例 4.6 某公司将 5 万元资金投入 A、B、C 三个项目中，经预测，三个项目投资可获得的收益如表 4.1 所示，如何投放资金能获得最大收益？

表 4.1 项目收益表

项目	0	1	2	3	4	5
A	0	2	2	3	3	3
B	0	0	1	2	4	7
C	0	1	2	3	4	5

解 本题同样属于离散确定型动态规划问题，由于已知初始状态，可用逆序解法求解。

（1）阶段变量：把对项目 A、B、C 的投资分为三个阶段，$k = 1，2，3$。

（2）状态变量：状态 s_k 表示对项目 k 投资前尚有的资金量，$0 \leqslant s_k \leqslant 5$。

（3）决策变量：x_k 表示对项目 k 的投资量，$0 \leqslant x_k \leqslant s_k$。

(4)状态转移方程：$s_{k+1} = s_k - x_k$。

(5)阶段指标：将收益表中的函数关系记为 $g_k(x_k)$，阶段指标 $v_k = g_k(x_k)$。

(6)最优函数：$f_k(s_k) = \max\limits_{0 \leqslant x_k \leqslant s_k} \{v_k(s_k, x_k) + f_{k+1}(s_{k+1})\}$。

因此，动态规划基本方程为

$$\begin{cases} f_k(s_k) = \max\limits_{0 \leqslant x_k \leqslant s_k} \{g_k(x_k) + f_{k+1}(s_{k+1})\} \\ f_4(s_4) = 0 \end{cases}$$

接下来求解。

第一步：当 $k = 3$ 时，对项目 C 投放资金，最优函数为

$$f_3(s_3) = \max\limits_{\substack{0 \leqslant x_3 \leqslant s_3 \\ 0 \leqslant s_3 \leqslant 5}} \{g_3(x_3) + f_4(s_4)\} = \max\limits_{\substack{0 \leqslant x_3 \leqslant s_3 \\ 0 \leqslant s_3 \leqslant 5}} \{g_3(x_3)\};$$

若 $s_3 = 0$，$f_3(0) = \max\limits_{x_3 = 0} \{g_3(x_3)\} = g_3(0) = 0$，$x_3(0) = 0$；

若 $s_3 = 1$，$f_3(1) = \max\limits_{x_3 = 0, 1} \{g_3(x_3)\} = \max\limits_{x_3 = 0, 1} \begin{Bmatrix} g_3(0) \\ g_3(1) \end{Bmatrix} = \max\limits_{x_3 = 0, 1} \begin{Bmatrix} 0 \\ 1 \end{Bmatrix} = 1$，$x_3(1) = 1$；

若 $s_3 = 2$，$f_3(2) = \max\limits_{x_3 = 0, 1, 2} \{g_3(x_3)\} = \max\limits_{x_3 = 0, 1, 2} \begin{Bmatrix} g_3(0) \\ g_3(1) \\ g_3(2) \end{Bmatrix} = \max\limits_{x_3 = 0, 1, 2} \begin{Bmatrix} 0 \\ 1 \\ 2 \end{Bmatrix} = 2$，$x_3(2) = 2$；

若 $s_3 = 3$，$f_3(3) = \max\limits_{x_3 = 0, 1, 2, 3} \{g_3(x_3)\} = \max\limits_{x_3 = 0, 1, 2, 3} \begin{Bmatrix} g_3(0) \\ g_3(1) \\ g_3(2) \\ g_3(3) \end{Bmatrix} = \max\limits_{x_3 = 0, 1, 2, 3} \begin{Bmatrix} 0 \\ 1 \\ 2 \\ 3 \end{Bmatrix} = 3$,

$x_3(3) = 3$；

若 $s_3 = 4$，$f_3(4) = \max\limits_{x_3 = 0, 1, 2, 3, 4} \{g_3(x_3)\} = \max\limits_{x_3 = 0, 1, 2, 3, 4} \begin{Bmatrix} g_3(0) \\ g_3(1) \\ g_3(2) \\ g_3(3) \\ g_3(4) \end{Bmatrix} = \max\limits_{x_3 = 0, 1, 2, 3, 4} \begin{Bmatrix} 0 \\ 1 \\ 2 \\ 3 \\ 4 \end{Bmatrix} = 4$,

$x_3(4) = 4$；

同理，若 $s_3 = 5$，$f_3(5) = 5$，$x_3(5) = 5$。从以上可知第三阶段要把所有资金投给项目 C。

第二步：当 $k = 2$ 时，对项目 B 投放资金，最优函数为

$$f_2(s_2) = \max\limits_{\substack{0 \leqslant x_2 \leqslant s_2 \\ 0 \leqslant s_2 \leqslant 5}} \{g_2(x_2) + f_3(s_3)\} = \max\limits_{\substack{0 \leqslant x_2 \leqslant s_2 \\ 0 \leqslant s_2 \leqslant 5}} \{g_2(x_2) + f_3(s_2 - x_2)\}$$

若 $s_2 = 0$，$f_2(0) = \max\limits_{x_2 = 0} \{g_2(x_2) + f_3(0)\} = \max\limits_{x_2 = 0} \{g_2(0) + 0\} = 0$，$x_2(0) = 0$；

若 $s_2 = 1$，$f_2(1) = \max\limits_{x_2 = 0, 1} \begin{Bmatrix} g_2(0) + f_3(1) \\ g_2(1) + f_3(0) \end{Bmatrix} = \max\limits_{x_2 = 0, 1} \begin{Bmatrix} 0 + 1 \\ 0 + 0 \end{Bmatrix} = 1$，$x_2(1) = 0$；

$$\text{若 } s_2 = 2, \ f_2(2) = \max_{x_2=0,\,1,\,2} \begin{Bmatrix} g_2(0) + f_3(2) \\ g_2(1) + f_3(1) \\ g_2(2) + f_3(0) \end{Bmatrix} = \max_{x_2=0,\,1,\,2} \begin{Bmatrix} 0+2 \\ 0+1 \\ 1+0 \end{Bmatrix} = 2, \ x_2(2) = 0;$$

$$\text{若 } s_2 = 3, \ f_2(3) = \max_{x_2=0,\,1,\,2,\,3} \begin{Bmatrix} g_2(0) + f_3(3) \\ g_2(1) + f_3(2) \\ g_2(2) + f_3(1) \\ g_2(3) + f_3(0) \end{Bmatrix} = \max_{x_2=0,\,1,\,2,\,3} \begin{Bmatrix} 0+3 \\ 0+2 \\ 1+1 \\ 2+0 \end{Bmatrix} = 3, \ x_2(3) = 0;$$

$$\text{若 } s_2 = 4, \ f_2(4) = \max_{x_2=0,\,1,\,2,\,3,\,4} \begin{Bmatrix} g_2(0) + f_3(4) \\ g_2(1) + f_3(3) \\ g_2(2) + f_3(2) \\ g_2(3) + f_3(1) \\ g_2(4) + f_3(0) \end{Bmatrix} = \max_{x_2=0,\,1,\,2,\,3,\,4} \begin{Bmatrix} 0+4 \\ 0+3 \\ 1+2 \\ 2+1 \\ 4+0 \end{Bmatrix} = 4, \ x_2(4) = 0$$

或 4；

$$\text{若 } s_2 = 5, \ f_2(5) = \max_{x_2=0,\,1,\,2,\,3,\,4,\,5} \begin{Bmatrix} g_2(0) + f_3(5) \\ g_2(1) + f_3(4) \\ g_2(2) + f_3(3) \\ g_2(3) + f_3(2) \\ g_2(4) + f_3(1) \\ g_2(5) + f_3(0) \end{Bmatrix} = \max_{x_2=0,\,1,\,2,\,3,\,4,\,5} \begin{Bmatrix} 0+5 \\ 0+4 \\ 1+3 \\ 2+2 \\ 4+1 \\ 7+0 \end{Bmatrix} = 7,$$

$x_2(5) = 5;$

以上说明第二阶段当资金 $s_2 \leqslant 3$ 时，不投资项目 B；当资金为 4 万元时，全投项目 B 或完全不投项目 B 均可；当资金为 5 万元时，全投项目 B。

第三步：当 $k = 1$ 时，对项目 A 投放资金，因 $s_1 = 5$，故

$$f_1(5) = \max_{x_1=0,\,1,\,2,\,3,\,4,\,5} \begin{Bmatrix} g_1(0) + f_2(5) \\ g_1(1) + f_2(4) \\ g_1(2) + f_2(3) \\ g_1(3) + f_2(2) \\ g_1(4) + f_2(1) \\ g_1(5) + f_2(0) \end{Bmatrix} = \max_{x_1=0,\,1,\,2,\,3,\,4,\,5} \begin{Bmatrix} 0+7 \\ 2+4 \\ 2+3 \\ 3+2 \\ 3+1 \\ 3+0 \end{Bmatrix} = 7, \ x_1(5) = 0$$

综上，最大收益为 7 万元，最优投资方案是：项目 A 不投资，$s_1^* = 5$，$x_1^* = 0$；项目 B 投资 5 万元，$s_2^* = 5$，$x_2^* = 5$；项目 C 不投资，$s_3^* = 0$，$x_3^* = 0$。

4.3　背包问题

背包问题的一般提法是：一个徒步者背包旅行，共有 n 种物品供选择放入背包中，物品的编号分别为 1，2，$\cdots$，n。已知每单位第 j 种物品的重量为 a_j，单位 j 物品的使用价值为 c_j，且旅行者所能承受的总重量不超过 a，问该旅行者如何选择携带这 n 种物品的数量，使用价值才能达到最大？如果用 x_j 表示第 j 种物品的数量，则背包问题的一般模型为

$$\max Z = \sum_{j=1}^{n} c_j x_j$$

$$\text{s. t.} \begin{cases} \sum_{j=1}^{n} a_j x_j \leqslant a \\ x_j \geqslant 0 \text{ 且为整数} \end{cases} \tag{4.12}$$

例 4.7 已知背包问题的数据如表 4.2 所示,最大限制重量为 5,问如何携带才能使总价值最大?

表 4.2 背包问题数据

物品编号	1	2	3
重量	3	2	5
价值	8	5	12

解 设三种物品各携带 x_1,x_2,x_3 件,背包问题的数学模型为

$$\max z = 8x_1 + 5x_2 + 12x_3$$

$$\text{s. t.} \begin{cases} 3x_1 + 2x_2 + 5x_3 \leqslant 5 \\ x_1,\ x_2,\ x_3 \geqslant 0 \text{ 且为整数} \end{cases}$$

这是一个整数线性规划问题,可以用动态规划模型进行求解。

(1)阶段变量:将 3 种物品的装载分为三个阶段,由于初始状态已知,所以采用逆序求解,$k = 1$,2,3。

(2)状态变量:装载第 k 种物品时,还允许装入的重量 s_k 为状态,则 $s_1 = 5$。

(3)决策变量:x_k 表示装载第 k 中物品的数量,一般有整数限制,所以 $0 \leqslant x_k \leqslant \left[\dfrac{s_k}{a_k}\right]$,其中 $[\ ]$ 为取整函数。

(4)状态转移方程:$s_{k+1} = s_k - a_k x_k$。

(5)阶段指标:第 k 种物品的使用价值为阶段指标,即 $v_k = c_k x_k$。

(6)最优函数:$f_k(s_k) = \max\limits_{0 \leqslant x_k \leqslant s_k} \{v_k(s_k,\ x_k) + f_{k+1}(s_{k+1})\}$;

因此,动态规划基本方程为

$$\begin{cases} f_k(s_k) = \max\limits_{0 \leqslant x_k \leqslant \left[\frac{s_k}{a_k}\right]} \{c_k x_k + f_{k+1}(s_{k+1})\} \\ f_4(s_4) = 0 \end{cases}$$

接下来求解。

第一步:当 $k = 3$ 时,对 3 号物品装载,最优函数为

$$f_3(s_3) = \max_{0 \leqslant x_3 \leqslant \left[\frac{s_3}{a_3}\right]} \{c_3 x_3 + f_4(s_4)\} = \max_{0 \leqslant x_3 \leqslant \left[\frac{s_3}{5}\right]} \{12x_3\} = 12\left[\frac{s_3}{5}\right],\quad x_3(s_3) = \left[\frac{s_3}{5}\right]$$

第二步:当 $k = 2$ 时,对 2 号物品装载,最优函数为

$$f_2(s_2) = \max_{0 \leqslant x_2 \leqslant \left[\frac{s_2}{a_2}\right]} \{c_2 x_2 + f_3(s_3)\} = \max_{0 \leqslant x_2 \leqslant \left[\frac{s_2}{2}\right]} \{5x_2 + f_3(s_2 - 2x_2)\} = \max_{0 \leqslant x_2 \leqslant \left[\frac{s_2}{2}\right]} \left\{5x_2 + 12\left[\frac{s_2 - 2x_2}{5}\right]\right\}$$

第三步:当 $k = 1$ 时,对 1 号物品装载,已知 $s_1 = 5$,$a_1 = 3$,最优函数为

$$f_1(5) = \max_{x_1 = 0,\, 1}\{c_1 x_1 + f_2(s_2)\} = \max_{x_1 = 0,\, 1}\{8x_1 + f_2(5 - 3x_1)\} = \max_{x_1 = 0,\, 1}\begin{Bmatrix} 0 + f_2(5) \\ 8 + f_2(2) \end{Bmatrix}$$

若 $s_2 = 5$，$f_2(5) = \max_{0 \leqslant x_2 \leqslant \left[\frac{5}{2}\right]}\left\{5x_2 + 12\left[\dfrac{5 - 2x_2}{5}\right]\right\} = \max_{x_2 = 0,\, 1,\, 2}\begin{Bmatrix} 0 + 12 \\ 5 + 0 \\ 10 + 0 \end{Bmatrix} = 12$，$x_2(5) = 0$；

若 $s_2 = 2$，$f_2(2) = \max_{0 \leqslant x_2 \leqslant \left[\frac{2}{2}\right]}\left\{5x_2 + 12\left[\dfrac{2 - 2x_2}{5}\right]\right\} = \max_{x_2 = 0,\, 1}\begin{Bmatrix} 0 + 0 \\ 5 + 0 \end{Bmatrix} = 5$，$x_2(2) = 1$。

因此 $f_1(5) = \max_{x_1 = 0,\, 1}\begin{Bmatrix} 0 + f_2(5) \\ 8 + f_2(2) \end{Bmatrix} = \max_{x_1 = 0,\, 1}\begin{Bmatrix} 0 + 12 \\ 8 + 5 \end{Bmatrix} = 13$，$x_1(5) = 1$。

综上所述，携带物品总价值最大为 13，最优携带方案是：1 号物品带 1 件，$s_1^* = 5$，$x_1^* = 1$；2 号物品带 1 件，$s_2^* = 2$，$x_2^* = 1$；3 号物品不携带，$s_3^* = 0$，$x_3^* = 0$。

4.4 生产–存储问题

例 4.8 企业与客户签订未来 4 个季度的交货合同，订货量按季度依次为 2 台、3 台、2 台、2 台。该企业的生产能力为每季度 4 台，仓库的最大存货能力为 3 台。据以往数据统计，单位生产成本为 5 元/台，生产的固定运营费用为 4 000 元，每季度仓库保管费用为 0.3 元/台。假设企业现有存货 3 台，接下来一年的年底计划存货 2 台，问每季度生产多少产品，才能既满足交货合同，又使总费用最小？（产量和存储量的单位为台，要求取值为整数）

解 建立动态规划模型。

(1) 阶段变量：按季度分为 4 个阶段，$k = 1,\ 2,\ 3,\ 4$。

(2) 状态变量：s_k 表示第 k 季度初的库存量，$0 \leqslant s_k \leqslant 3$。

(3) 决策变量：x_k 表示第 k 季度的生产量，$0 \leqslant x_k \leqslant 4$。

(4) 状态转移方程：$s_{k+1} = s_k + x_k - d_k$，其中 d_k 表示第 k 季度的订货量。

(5) 阶段指标：v_k 表示第 k 季度产生的费用，$v_k = \begin{cases} 4\ 000 + 5\ 000x_k + 300s_k, & x_k > 0 \\ 300s_k, & x_k = 0 \end{cases}$。

(6) 最优函数：$f_k(s_k) = \min\limits_{x_k \in D_k}\{v_k(s_k,\ x_k) + f_{k+1}(s_{k+1})\}$。

因此，动态规划基本方程为

$$\begin{cases} f_k(s_k) = \min\limits_{x_k \in D_k}\{v_k + f_{k+1}(s_{k+1})\} \\ f_5(s_5) = 0 \end{cases}$$

接下来求解。

第一步：当 $k = 4$ 时，$d_4 = 2$，$s_5 = 2$，因此由状态转移方程 $s_5 = s_4 + x_4 - d_4$ 得到 $s_4 + x_4 = 4$，状态允许集合为 $S_4 = \{0,\ 1,\ 2,\ 3\}$，最优函数为

$$f_4(s_4) = \min_{x_4 \in D_4}\{v_4(s_4,\ x_4) + f_5(s_5)\} = \min_{x_4 = 4 - s_4}\{4\ 000 + 5\ 000x_4 + 300s_4 + f_5(s_5)\}$$

若 $s_4 = 3$，$x_4 = 1$，$f_4(3) = 9\ 900$；

若 $s_4 = 2$，$x_4 = 2$，$f_4(2) = 14\ 600$；

若 $s_4 = 1$，$x_4 = 3$，$f_4(1) = 19\ 300$；

若 $s_4 = 0$，$x_4 = 4$，$f_4(0) = 24\ 000$。

第二步：当 $k = 3$ 时，$d_3 = 2$，因此必须满足 $s_3 + x_3 \geqslant 2$，同时根据状态转移方程 $s_4 = s_3 + x_3 - d_3 \leqslant 3$，所以 $2 \leqslant s_3 + x_3 \leqslant 5$，状态允许集合为 $S_3 = \{0, 1, 2, 3\}$，最优函数为

$$f_3(s_3) = \min_{x_3 \in D_3}\{v_3(s_3, x_3) + f_4(s_4)\} = \min_{2-s_3 \leqslant x_3 \leqslant 5-s_3}\{4\,000 + 5\,000x_3 + 300s_3 + f_4(s_4)\}$$

若 $s_3 = 3$，则 $s_4 = s_3 + x_3 - d_3 = 3 + x_3 - 2 = 1 + x_3$，

$$f_3(3) = \min_{0 \leqslant x_3 \leqslant 2}\{4\,000 + 5\,000x_3 + 300 \times 3 + f_4(s_4)\}$$

$$= \min_{x_3 = 0, 1, 2}\begin{Bmatrix} 300 \times 3 + f_4(1) \\ 4\,000 + 5\,000 + 300 \times 3 + f_4(2) \\ 4\,000 + 5\,000 \times 2 + 300 \times 3 + f_4(3) \end{Bmatrix} = \min_{x_3 = 0, 1, 2}\begin{Bmatrix} 20\,200 \\ 24\,500 \\ 24\,800 \end{Bmatrix} = 20\,200$$

若 $s_3 = 2$，则 $s_4 = s_3 + x_3 - d_3 = x_3$，

$$f_3(2) = \min_{0 \leqslant x_3 \leqslant 3}\{4\,000 + 5\,000x_3 + 300 \times 2 + f_4(s_4)\}$$

$$= \min_{x_3 = 0, 1, 2, 3}\begin{Bmatrix} 300 \times 2 + f_4(0) \\ 4\,000 + 5\,000 + 300 \times 2 + f_4(1) \\ 4\,000 + 5\,000 \times 2 + 300 \times 2 + f_4(2) \\ 4\,000 + 5\,000 \times 3 + 300 \times 2 + f_4(3) \end{Bmatrix} = \min_{x_3 = 0, 1, 2, 3}\begin{Bmatrix} 24\,600 \\ 28\,900 \\ 29\,200 \\ 29\,500 \end{Bmatrix} = 24\,600$$

若 $s_3 = 1$，则 $s_4 = x_3 - 1$，

$$f_3(1) = \min_{1 \leqslant x_3 \leqslant 4}\{4\,000 + 5\,000x_3 + 300 + f_4(s_4)\}$$

$$= \min_{x_3 = 1, 2, 3, 4}\begin{Bmatrix} 4\,000 + 5\,000 + 300 + f_4(0) \\ 4\,000 + 5\,000 \times 2 + 300 + f_4(1) \\ 4\,000 + 5\,000 \times 3 + 300 + f_4(2) \\ 4\,000 + 5\,000 \times 4 + 300 + f_4(3) \end{Bmatrix} = \min_{x_3 = 1, 2, 3, 4}\begin{Bmatrix} 33\,300 \\ 33\,600 \\ 33\,900 \\ 34\,200 \end{Bmatrix} = 33\,300$$

若 $s_3 = 0$，则 $s_4 = x_3 - 2$，

$$f_3(0) = \min_{2 \leqslant x_3 \leqslant 4}\{4\,000 + 5\,000x_3 + 300 \times 0 + f_4(s_4)\}$$

$$= \min_{x_3 = 2, 3, 4}\begin{Bmatrix} 4\,000 + 5\,000 \times 2 + f_4(0) \\ 4\,000 + 5\,000 \times 3 + f_4(1) \\ 4\,000 + 5\,000 \times 4 + f_4(2) \end{Bmatrix} = \min_{x_3 = 2, 3, 4}\begin{Bmatrix} 38\,000 \\ 38\,300 \\ 38\,600 \end{Bmatrix} = 38\,000$$

第三步：当 $k = 2$ 时，$d_2 = 3$，因此必须满足 $s_2 + x_2 \geqslant 3$，同时根据状态转移方程 $s_3 = s_2 + x_2 - d_2 \leqslant 3$，所以 $3 \leqslant s_2 + x_2 \leqslant 6$，状态允许集合为 $S_2 = \{0, 1, 2, 3\}$，最优函数为

$$f_2(s_2) = \min_{x_2 \in D_2}\{v_2(s_2, x_2) + f_3(s_3)\} = \min_{3-s_2 \leqslant x_2 \leqslant 6-s_2}\{4\,000 + 5\,000x_2 + 300s_2 + f_3(s_3)\}$$

若 $s_2 = 3$，则 $s_3 = s_2 + x_2 - d_2 = x_2$，

$$f_2(3) = \min_{0 \leqslant x_2 \leqslant 3}\{4\,000 + 5\,000x_2 + 300 \times 3 + f_3(s_3)\}$$

$$= \min_{x_2 = 0, 1, 2, 3}\begin{Bmatrix} 300 \times 3 + f_3(0) \\ 4\,000 + 5\,000 + 300 \times 3 + f_3(1) \\ 4\,000 + 5\,000 \times 2 + 300 \times 3 + f_3(2) \\ 4\,000 + 5\,000 \times 3 + 300 \times 3 + f_3(3) \end{Bmatrix} = \min_{x_2 = 0, 1, 2, 3}\begin{Bmatrix} 38\,900 \\ 43\,200 \\ 39\,500 \\ 40\,100 \end{Bmatrix} = 38\,900$$

若 $s_2 = 2$，则 $s_3 = x_2 - 1$，

$$f_2(2) = \min_{1 \le x_2 \le 4}\{4\,000 + 5\,000x_2 + 300 \times 2 + f_3(s_3)\}$$

$$= \min_{x_2 = 1,\,2,\,3,\,4}\begin{Bmatrix} 4\,000 + 5\,000 + 300 \times 2 + f_3(0) \\ 4\,000 + 5\,000 \times 2 + 300 \times 2 + f_3(1) \\ 4\,000 + 5\,000 \times 3 + 300 \times 2 + f_3(2) \\ 4\,000 + 5\,000 \times 4 + 300 \times 2 + f_3(3) \end{Bmatrix} = \min_{x_2 = 1,\,2,\,3,\,4}\begin{Bmatrix} 47\,600 \\ 47\,900 \\ 44\,200 \\ 44\,800 \end{Bmatrix} = 44\,200$$

若 $s_2 = 1$，则 $s_3 = x_2 - 2$，

$$f_2(1) = \min_{2 \le x_2 \le 4}\{4\,000 + 5\,000x_2 + 300 \times 1 + f_3(s_3)\}$$

$$= \min_{x_2 = 2,\,3,\,4}\begin{Bmatrix} 4\,000 + 5\,000 \times 2 + 300 + f_3(0) \\ 4\,000 + 5\,000 \times 3 + 300 + f_3(1) \\ 4\,000 + 5\,000 \times 4 + 300 + f_3(2) \end{Bmatrix} = \min_{x_2 = 2,\,3,\,4}\begin{Bmatrix} 52\,300 \\ 52\,600 \\ 48\,900 \end{Bmatrix} = 48\,900$$

若 $s_2 = 0$，则 $s_3 = x_2 - 3$，

$$f_2(0) = \min_{3 \le x_2 \le 4}\{4\,000 + 5\,000x_2 + 300 \times 0 + f_3(s_3)\}$$

$$= \min_{x_2 = 3,\,4}\begin{Bmatrix} 4\,000 + 5\,000 \times 3 + f_3(0) \\ 4\,000 + 5\,000 \times 4 + f_3(1) \end{Bmatrix} = \min_{x_2 = 3,\,4}\begin{Bmatrix} 57\,000 \\ 57\,300 \end{Bmatrix} = 57\,000$$

第四步：当 $k = 1$ 时，$s_1 = 3$，$d_1 = 2$，根据状态转移方程 $s_2 = s_1 + x_1 - d_1 = 1 + x_1 \le 3$，所以 $0 \le x_1 \le 2$，最优函数为

$$f_1(3) = \min_{0 \le x_1 \le 2}\{4\,000 + 5\,000x_1 + 300 \times 3 + f_2(s_2)\}$$

$$= \min_{x_1 = 0,\,1,\,2}\begin{Bmatrix} 300 \times 3 + f_2(1) \\ 4\,000 + 5\,000 + 300 \times 3 + f_2(2) \\ 4\,000 + 5\,000 \times 2 + 300 \times 3 + f_2(3) \end{Bmatrix} = \min_{x_1 = 0,\,1,\,2}\begin{Bmatrix} 49\,800 \\ 54\,100 \\ 53\,800 \end{Bmatrix} = 49\,800$$

综上所述，最小费用是 49 800 元。最优方案是：$x_1^* = 0$，$s_2^* = 1$，$x_2^* = 4$，$s_3^* = 2$，$x_3^* = 0$，$s_4^* = 0$，$x_4^* = 4$。

4.5　一般数学问题

例 4.9　用动态规划方法求解非线性规划问题。

$$\min z = x_1^p + x_2^p + x_3^p$$

$$\text{s. t.} \begin{cases} x_1 + x_2 + x_3 \ge 3 \\ x_1,\ x_2,\ x_3 \ge 0 \end{cases}$$

解　这是一个非线性的数学规划，也可以看成是条件极值问题，若直接求解是比较困难的。现在利用动态规划方法来求解，先建立动态规划数学模型。考虑到变量个数和目标函数的表达形式，将问题分为三个阶段，$k = 1, 2, 3$，以 x_1，x_2，x_3 表示决策变量，用 s_1，s_2，s_3 表示状态，设

$$\begin{cases} x_1 + x_2 + x_3 = s_1 \\ x_2 + x_3 = s_2 \\ x_3 = s_3 \end{cases}$$

则状态转移方程为 $s_{k+1} = s_k - x_k$，阶段指标为 $v_k = x_k^p$，最优函数为 $f_k(s_k) = \min_{x_k \in D_k} \sum_{k=1}^{3} v_k$。

因此动态规划基本方程

$$\begin{cases} f_k(s_k) = \min\limits_{x_k \in D_k} \{ v_k + f_{k+1}(s_{k+1}) \} \\ f_4(s_4) = 0 \end{cases}$$

下面分阶段逆序求解。

第一步：当 $k = 3$ 时，最优函数为

$$f_3(s_3) = \min\limits_{x_3 \in D_3} \{ x_3^p + f_4(s_4) \} = \min\limits_{x_3 \in D_3} \{ x_3^p \} = x_3^p;$$

第二步：当 $k = 2$ 时，最优函数为

$$f_2(s_2) = \min\limits_{x_2 \in D_2} \{ x_2^p + f_3(s_3) \} = \min\limits_{x_2 \in D_2} \{ x_2^p + (s_2 - x_2)^p \}$$

在驻点处找寻极值，令 $\dfrac{\mathrm{d}f_2}{\mathrm{d}x_2} = p x_2^{p-1} - p (s_2 - x_2)^{p-1} = 0$，得到 $x_2 = \dfrac{s_2}{2}$，且

$$\left. \frac{\mathrm{d}^2 f_2}{\mathrm{d}x_2^2} \right|_{x_2 = \frac{s_2}{2}} = p(p-1) x_2^{p-2} + p(p-1)(s_2 - x_2)^{p-2} > 0$$

即当 $x_2 = \dfrac{s_2}{2}$ 时，f_2 有极小值 $\dfrac{s_2^p}{2^{p-1}}$；

第三步：当 $k = 1$ 时，最优函数为

$$f_1(s_1) = \min\limits_{x_1 \in D_1} \{ x_1^p + f_2(s_2) \} = \min\limits_{x_1 \in D_1} \left\{ x_1^p + \frac{(s_1 - x_1)^p}{2^{p-1}} \right\}$$

采用与第二步相同的方法，令 $\dfrac{\mathrm{d}f_1}{\mathrm{d}x_1} = p x_1^{p-1} - \dfrac{p}{2^{p-1}}(s_1 - x_1)^{p-1} = 0$，求出当 $x_1 = \dfrac{s_1}{3}$ 时，

f_1 有极小值 $\dfrac{s_1^p}{3^{p-1}}$。

最后，根据约束条件 $x_1 + x_2 + x_3 \geqslant 3$ 得到初始状态 $s_1 \geqslant 3$，故当 $s_1 = 3$ 时，

$\min Z = f_1(3) = \dfrac{3^p}{3^{p-1}} = 3$。利用状态转移方程回推，得出最优方案为 $x_1 = 1$，$x_2 = 1$，$x_3 = 1$。

习　题

4.1　分别用逆序解法和顺序解法求解最短路径。

（1）

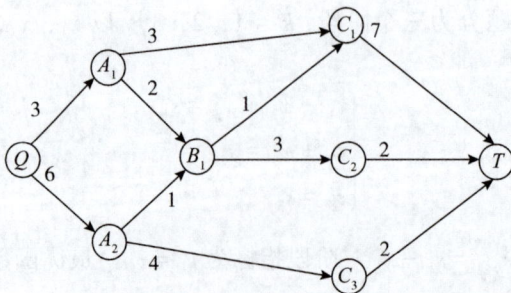

(2)

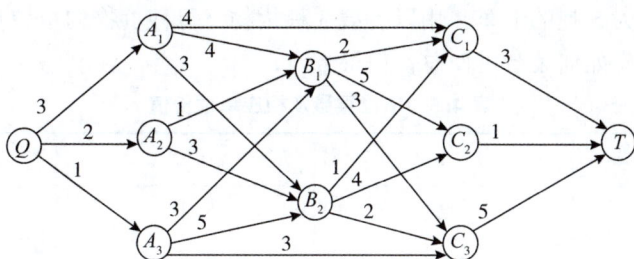

4.2 资源分配问题。

（1）某工厂购进 100 台机器，准备生产 p_1、p_2 两种产品。若生产产品 p_1，每台机器每年可收入 45 万元，损坏率为 65%；若生产产品 p_2，每台机器每年可收入 35 万元，损坏率为 35%；估计三年后将有新的机器出现，旧的机器将全部淘汰。试问每年应如何安排生产，使在三年内收入最多？

（2）设有两种资源，第一种资源有 x 单位，第二种资源有 y 单位，计划分配给 n 个部门。把第一种资源 x_i 单位，第二种资源 y_i 单位分配给部门 i 所得的利润记为 $r_i(x_i, y_i)$。如设 $x = 3$，$y = 3$，$n = 3$，其利润 $r_i(x, y)$ 列于表 4.3 中。如何分配这两种资源到 i 个部门去，使总的利润最大？

表 4.3 利润表

项目	$r_1(x, y)$				$r_2(x, y)$				$r_3(x, y)$			
	0	1	2	3	0	1	2	3	0	1	2	3
0	0	1	3	6	0	2	4	6	0	3	5	8
1	4	5	6	7	1	4	6	7	2	5	7	9
2	5	6	7	8	4	6	8	9	4	7	9	11
3	6	7	8	9	6	8	10	11	6	9	11	13

4.3 投资决策问题。

（1）某人在每年年底要决策明年的投资与积累的资金分配。假设开始时，他可利用的资金数为 C，年利率为 $\alpha(\alpha > 0)$。在 i 年里若投资 y_i 所得到的效益用 $g_i(y_i) = by_i$（b 为常数）来表示。试建立该问题在 n 年里获得最大效益的动态规划模型。

（2）某公司有三个工厂，它们都可以考虑改造扩建。每个工厂都有若干种方案可供选择，各种方案的投资及所能取得的收益如表 4.4 所示。现公司有资金 5 亿元。问应如何分配投资使公司的总收益最大？

表 4.4 各种方案的投资及所能取得的收益 单位：亿元

m_{ij}（方案）	工厂 $i = 1$		工厂 $i = 2$		工厂 $i = 3$	
	C（投资）	R（收益）	C（投资）	R（收益）	C（投资）	R（收益）
1	0	0	0	0	0	0
2	1	5	2	8	1	3
3	2	6	3	9	—	—
4	—	—	4	12	—	—

（注：表中"—"表示无此方案）

4.4　背包问题。

有一辆货运量为 5 吨的卡车，用以装载 3 种货物，每种货物的单位重量及相应单位价值如表 4.5 所示，应如何装载可使总价值最大？

表 4.5　单位重量及相应单位价值

货物编号 i	1	2	3
单位重量	2	3	1
单位价值 c_i	65	80	30

4.5　生产-存储问题。

某厂根据合同，今后半年的交货量如表 4.6 所示。

表 4.6　交货量

月份	一	二	三	四	五	六
交货量/件	100	200	500	300	200	100

该厂每月生产能力为 400 件，而仓库存货能力为 300 件。已知每 100 件货物的生产费用为 10 000 元，在进行生产的月份，工厂要支出经常费用 4 000 元，仓库保管费用为每件货物每月 10 元。假定 1 月初和 6 月末均无库存，问每月各生产多少，才能既按期交够货物又使总费用最少？

4.6　非线性规划问题。

(1) 某工厂向用户提供发动机，按合同规定，其交货数量和日期是：第一季度末交 40 台，第二季度末交 60 台，第三季度末交 80 台。工厂的最大生产能力为每季度 100 台，每季度的生产费用是 $f(x) = 50x + 0.2x^2$（元），此处 x 为该季度生产发动机的台数。若工厂生产得多，多余的发动机可移到下季度向用户交货，这样，工厂就需支付存储费，每台发动机每季度的存储费为 4 元。问该厂每季度应生产多少台发动机，才能既满足交货合同，又使工厂所花费的费用最少？假定第一季度开始时发动机无存货，试建立模型并求解。

(2) 华谊公司租用三种设备 A、B、C 生产 Ⅰ、Ⅱ 两种产品，生产单位产品所需设备工时及三种设备可用工时如表 4.7 所示。

表 4.7　4.6 题资料表

项目	A	B	C
Ⅰ	3	2	15
Ⅱ	4	1	2
可用工时	1 600	600	750

其中产品 Ⅱ 生产量不低于两种产品总产量的 30%，不超过 60%。两种产品需求量 x_1，x_2 是其价格 p_1、p_2 的函数：

$$x_1 = 5\,000 - 7p_1, \quad x_2 = 1\,000 - 10p_2$$

试问公司如何综合考虑需求与价格，才能使预期总销售价为最大？要求建立模型。

存储论

在日常生活中，人们往往会将所需的物资、用品和食物暂时储存起来，以备将来使用。如果存储量过大，会增加保管场地及库存保管费，增加成本，占用流动资金，降低资金利用率，还会降低原材料或产品的质量，有产品过期、损坏的风险；如果存储量不足，会用频繁订货的方式以补充缺失的物资，这将增加订购费用，同时原料不足还可能造成停工、停产等重大经济损失，企业还会因缺货错失销售机会。为了解决供应、需求和存储等多方面的矛盾，就要对存储系统进行分析。

本章采用平均费用分析法，研究对应于特定需求类型下的各种存储策略的经济性，并计算了各个存储模型的最优存储策略参数，同时举例说明了存储论模型在实际中的应用。

第 1 节　存储问题的提出

1.1　问题的提出

作为运筹学的一个分支，存储论体现了管理科学对存储问题的基本处理思想，应用领域十分广泛。现实中，人们经常会遇到有关存储的问题，在存储量、存放时间等具体事项上，并非多多益善，其中存在合理性的问题。

下面是几个有关存储的实例。

例 5.1　水库蓄水量问题。

水库蓄水量不足，则会影响下一季的灌溉；而蓄水量过多，若下一季遇大雨则会对周边乡镇的安全构成威胁，因此水库蓄水应存在一个合理的量。

例 5.2　工厂原材料库存问题。

工厂生产所需原材料，若库存不足，则会造成停工待料；如果存储过多，则不仅会造成资金积压，还要支付保管费，有些物资还可能因意外事故变质或损坏，从而带来更大的损失。因此原材料的存储在保证生产连续进行的前提下应越少越好，即存在一个合理的量。

例 5.3　商店商品库存问题。

商店的商品库存与工厂原材料库存类似，如果库存不足，产生缺货现象，会造成销售机会的损失；如果库存过多，则会造成商品积压变质，因此商品库存也存在一个合理的量。

上述与存储量有关的问题需要人们做出决定，在长期实践中，人们将积累的经验总结成规律，并将这类问题作为科学进行研究，即构成了存储论。

1.2 存储论的研究方法

确定存储策略时，首先要把实际问题抽象成数学模型。在建模过程中，对一些复杂的条件尽可能加以简化，得出较为明确的数量关系和结论，并对得出的结论进行检验，如果与实际情况存在较大差距，则要重新对模型加以修正。

1. 存储系统

一个存储系统包括三方面的内容，即存储、补充和需求。若以存储为中心，可把补充与需求看作一个具有输入（补充）与输出（需求）的控制系统，如图 5.1 所示。

输入（补充）——→ 存储 ——→ 输出（需求）

图 5.1 存储系统

存储因需求而减少，因补充而增加。不论是补充或需求，都有两个基本问题要考虑。一是量，即一次补充或需求是多少；二是期，即需要什么时候补充。模型建立与求解就围绕这两个基本问题，求最佳的量和期的数值。

2. 评价标准

一个好的存储策略应满足：既可以使平均总费用最小，又可避免缺货造成的其他损失。

结合以上两点，存储论的数学模型应是以费用函数为目标，求解使目标函数达到最小值时的最佳补充量和最佳补充周期。

第 2 节　存储模型的基本概念

2.1 基本概念

1. 需求

需求是存储的输出，有些需求是确定的，如工厂生产线上每天的领料；有些需求是随机的，如商店出售的商品，可能一天售出 10 件，也可能 8 件，或未售出，但经过长期统计，是可以找出商品销售规律的分布函数，进而对需求进行估计的。用 R 表示单位时间内的需求，也称为需求率。

2. 补充

当存储减少到一定程度，必须加以补充，它是存储的输入。补充往往通过订购或生产实现。

（1）瞬时补充。

通过外购而一次性补充，也称瞬时补充。有时，从订货到货物入库需要一段时间，称为"拖后时间"，从补充的角度看，为了能及时得到补充，订货必须提前，因此这段时间又称为"提前时间"或"订货提前期"，从提出订货到收到货物的时间间隔，用 L 表示。两次订货之间的时间间隔，用 t 表示。在一次订货中物品的数量称为批量，用 Q 表示。

（2）逐渐补充。

通过自行组织生产而逐渐补充，也称连续补充，补充速度记作 p。

3. 费用

费用是存储策略优劣的评价标准，与存储问题有关的基本费用项目有：

（1）存储费。

包括仓库保管费、占用流动资金的利息、保险金、存储物的损坏变质等引起的各项支出。这类费用随存储物的数量和存储时间的增加而增加，以每单位存储物在单位时间内所发生的费用计算，用 c_1 表示。

（2）缺货费。

缺货费是当存储未能补充时引起的损失，如失去销售机会的损失、停工待料的损失以及未能按期履约而缴纳的补偿金、罚金等。以每发生一单位短缺物品在单位时间内需求方的损失费用大小来计算，用 c_2 表示。

（3）订货费。

订货费包含两个项目，一项是订购费用（也称固定费用），如订货时发生的手续费、函电往来费用和差旅费等，它与订货次数有关，而与订货数量无关，记作 c_3；另一项是货物成本，与订货数量有关，是变动费用，如货物单价、运价等，记作 k；因此，订货费为 $c_3 + kQ$。

（4）生产费。

当补充是以自行生产方式进行时，会有生产费，与订货费相似，也有两个项目，一项是固定费用，如装配费或准备费，记作 c_3；另一项是变动费用，如货物单位成本，记作 k；因此，生产费也为 $c_3 + kQ$。

以上项目是存储问题中的主要费用项目，随所分析的实际问题的不同，所考虑的费用项目也有所不同。

2.2 存储策略

存储论要解决的问题是：多长时间补充一次？每次补充量为多少？决定补充周期和补充量的策略称为"存储策略"。衡量存储策略优劣的标准是平均单位时间费用。

常见的存储策略有 (T, S) 策略、(S, RP) 策略和 (T, S, RP) 策略。

（1）(T, S) 策略：每经过一个固定的时间间隔 T 就补充订货，达到最大的库存量 S。

（2）(S, RP) 策略：每当库存量达到或低于 RP 时，立即订货，使订货后的库存量达到 S。这里的 RP 为报警点，即订货点。

（3）(T, S, RP) 策略：每隔时间 T 就整理账面，检查库存，当库存量达到或低于 RP 时，立即订货，使库存量达到 S。

2.3 存储模型的分类

根据存储论要解决的补充量和补充周期两个问题，按这两个参数的确定性和随机性，可以把存储模型分成以下几类：

（1）确定性与随机性存储模型。

凡需求 R 和订货时间 t 均确定的存储模型，称为确定性存储模型；凡需求 R 或订货时间 t 不确定的存储模型，称为随机性存储模型。这是存储模型最主要的分类方式。

（2）单品种库与多品种库存储模型。

单品种库所存储物资的需求量大、体积大、占有资金多，就会单独设立仓库进行保管，如木材、水泥、煤炭等；多品种库是为了对多种物资同时保管而设立的仓库，如钢材、电子元件等，这类模型往往存在资金约束或仓库容积限制约束等。

（3）单周期与多周期存储模型。

单周期是指在一个周期内只订货一次。若未到期缺货，不再补充订货；若发生滞销，未售出的货物应在期末处理，如报纸。多周期的存储模型对应于多次进货多次供应。

以下主要针对确定性与随机性存储模型进行分类研究。

第 3 节　确定性存储模型

确定性存储模型主要研究需求 R 为确定且均匀时，采取 (T, S) 策略的存储模型，具体包括五种情况，下面分别介绍。

3.1　瞬时补充，不允许缺货

这种模型也称经济订购批量（Economic Order Quantity，EOQ）模型，是最简单、最经典的存储模型。虽然是最简单的模型，但在实际的存储决策中很常用，同时，它也是其他模型的方法基础。

1. 模型假设

（1）缺货费无穷大。

（2）需求（率）为已知常数 R。

（3）当存储降为零时，可以立即得到补充，无拖后时间。

（4）每次订货时订购费不变，即订购费 c_3，货物单价 k。

（5）单位存储费不变，即 c_1 为常数。

这类存储模型可以用图 5.2 表示。图中表示每到一批货，存储由零立刻上升到 Q_0，然后以 R 的速度均匀消耗掉。存储量沿斜线下降，一旦存储降为零，又立即补充，如此往复循环。

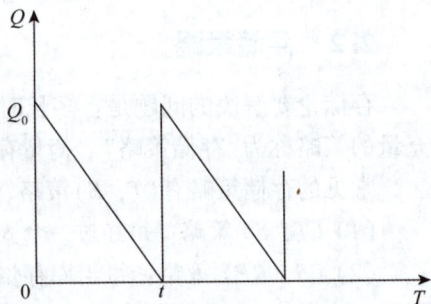

图 5.2　EOQ 模型的存储量变化

2. 模型建立与求解

要求出总平均费用最低的存储策略，必须先建立费用函数。假定每隔时间 t 补充一次，则订货量必须能够满足 t 时间内的需求，应有订货量 $Q = Rt$。

（1）订货费。

若每次订购费为 c_3，货物单价为 k，则每次产生的订货费为 $c_3 + kQ = c_3 + kRt$，那么在一个订货周期内的平均订货费为 $\dfrac{c_3}{t} + kR = c_3\dfrac{R}{Q} + kR$。

（2）存储费。

一个订货周期内的平均存储量为 $\dfrac{1}{t}\displaystyle\int_0^t Q\mathrm{d}t = \dfrac{1}{t}\int_0^t Rt\mathrm{d}t = \dfrac{1}{2}Rt$，已知单位存储费 c_1，则在一个订货周期内的平均存储费为 $\dfrac{1}{2}c_1Rt = \dfrac{c_1Q}{2}$。

由此可得，单位时间内平均总费用为

$$C(t) = \frac{1}{2}c_1Rt + \frac{c_3}{t} + kR \tag{5.1}$$

或

$$C(Q) = \frac{c_1Q}{2} + \frac{c_3R}{Q} + kR \tag{5.2}$$

（3）最小费用。

为了使 $C(t)$ 或 $C(Q)$ 达到最小，可以用一元函数求极值的方法，求出最佳的订货周期和订货批量。过程如下：

把式（5.1）对 t 求一阶导，令 $\dfrac{dC(t)}{\mathrm{d}t} = \dfrac{1}{2}c_1R - \dfrac{c_3}{t^2} = 0$，求得 $t = \sqrt{\dfrac{2c_3}{c_1R}}$。

把式（5.1）对 t 求二阶导，$\dfrac{d^2C(t)}{\mathrm{d}t^2} = 2\dfrac{c_3}{t^3} > 0$，说明 $C(t)$ 在 $t = \sqrt{\dfrac{2c_3}{c_1R}}$ 处取得极小值。因此，最佳订货周期为

$$t^* = \sqrt{\frac{2c_3}{c_1R}} \tag{5.3}$$

由 $Q = Rt$，得到经济订购批量

$$Q^* = \sqrt{\frac{2c_3R}{c_1}} \tag{5.4}$$

因为式（5.3）和式（5.4）与货物单价 k 无关，所有该项费用常常略去，今后无特殊需要，就不必再考虑它了，那么把式（5.3）代入式（5.1）中，可得

$$C(t^*) = \frac{1}{2}c_1R\sqrt{\frac{2c_3}{c_1R}} + \frac{c_3}{\sqrt{\dfrac{2c_3}{c_1R}}} = \sqrt{2c_1c_3R}$$

即单位时间平均总费用的最小值为

$$C^* = \sqrt{2c_1c_3R} \tag{5.5}$$

例 5.4 某注塑车间每年需原料 36 000 吨，需求均匀，每月每吨需存储费 5.3 元，每次订购发生费用 2 500 元。目前该车间每月订购原料一次，每次订购 3 000 吨。问：（1）如何改进订购方案？（2）改进后一年总费用可比现在节省多少？（3）改进后一个月的订购总

量如何变化?

解 已知 $R = 36\ 000$(吨/年)$= 3\ 000$(吨/月),$c_1 = 5.3$[元/(吨·月)],$c_3 = 2\ 500$(元/次),代入 EOQ 模型,改进现有方案。

(1)经济订购方案:

$$t^* = \sqrt{\frac{2c_3}{c_1 R}} = \sqrt{\frac{2 \times 2\ 500}{5.3 \times 3\ 000}} \approx 0.56(月) \approx 16.8(天)$$

$$Q^* = Rt^* = \sqrt{\frac{2c_3 R}{c_1}} = \sqrt{\frac{2 \times 2\ 500 \times 3\ 000}{5.3}} \approx 1\ 682(吨)$$

$$C^* = \sqrt{2c_1 c_3 R} = \sqrt{2 \times 5.3 \times 2\ 500 \times 3\ 000} \approx 8\ 916(元/月)$$

(2)改进后一年总费用:$8\ 916 \times 12 = 106\ 992$(元/年)

现行方案每月总费用:$\dfrac{1}{2} c_1 Rt + \dfrac{c_3}{t} = \dfrac{1}{2} \times 5.3 \times 3\ 000 \times 1 + \dfrac{2\ 500}{1} = 10\ 450$(元/月)

现行方案一年总费用:$10\ 450 \times 12 = 125\ 400$(元/年)

因此每年节约资金:$125\ 400 - 106\ 992 = 18\ 408$(元)

(3)因 $Q = Rt$,不论订购方案如何改变,一个月的订购总量不变。

例 5.5 某建筑工地每月需用水泥 800 吨,每吨定价 2 000 元,不可缺货。设每吨每月保管费为货物单价的 0.2%,每次订购费为 300 元,求最佳订购批量、经济周期与最小费用。

解 已知 $R = 800$(吨/月),$k = 2\ 000$(元/吨),$c_1 = 2\ 000 \times 0.2\% = 4$[元/(吨·月)],$c_3 = 300$(元/次),代入 EOQ 模型

$$t^* = \sqrt{\frac{2c_3}{c_1 R}} = \sqrt{\frac{2 \times 300}{4 \times 800}} \approx 0.433(月) \approx 13(天)$$

$$Q^* = Rt^* = \sqrt{\frac{2c_3 R}{c_1}} = \sqrt{\frac{2 \times 300 \times 800}{4}} \approx 346(吨)$$

$$C^* = \sqrt{2c_1 c_3 R} = \sqrt{2 \times 4 \times 300 \times 800} \approx 1\ 386(元/月)$$

进一步思考:

(1)上述最小费用表示什么含义?具体包括哪些费用?

单位时间内平均总费用 $C^* \approx 1\ 386$(元/月)表示一个月内该工地所花费的费用是 1 386 元,包括水泥的存储费与订购费。

(2)C^* 中的存储费和订购费分别是多少?

存储费:$\dfrac{1}{2} c_1 Rt^* = \dfrac{1}{2} \times 4 \times 800 \times 0.433 \approx 693$(元);

订购费:$\dfrac{c_3}{t^*} = \dfrac{300}{0.433} \approx 693$(元)。

(3)在本例中,存储费和订购费相等,是必然还是巧合?

在最优策略下,有 $t^* = \sqrt{\dfrac{2c_3}{c_1 R}}$,代入费用函数(5.1)中,那么

存储费:$\dfrac{1}{2} c_1 Rt^* = \dfrac{1}{2} c_1 R \sqrt{\dfrac{2c_3}{c_1 R}} = \sqrt{\dfrac{c_1 c_3 R}{2}}$;

订购费：$\dfrac{c_3}{t^*} = \dfrac{c_3}{\sqrt{\dfrac{2c_3}{c_1 R}}} = \sqrt{\dfrac{c_1 c_3 R}{2}}$；

因此，在最优策略下，存储费等于订购费是必然的。

（4）一个经济周期内的存储费是多少？

根据（3）中的分析，在最优策略下，一个经济周期的存储费等于订购费，因此存储费为 300 元。

3.2　逐渐补充，不允许缺货

这种模型称为经济生产批量（Economic Production Quantity，EPQ）模型，与 EOQ 模型相比，除了补充需要一段时间，其余均相同。例如，装配厂向零件生产厂家订货，零件生产厂一边加工一边向装配厂供货，直到按合同全部交货为止。

1. 模型假设

（1）缺货费无穷大。

（2）需求（率）为已知常数 R。

（3）当存储降为零时，要通过组织生产加以补充，生产速度为 p，生产持续时间为 t_p。

（4）每次生产时准备费不变，即准备费 c_3 为常数，货物单价 k。

（5）单位存储费不变，即 c_1 为常数。

2. 模型建立与求解

如图 5.3 所示，在 $[O, t_p]$ 时间内，存储以 $p - R$ 的速度增加，在 $[t_p, t]$ 时间内，存储以速度 R 减少，显然，t 时间内的总需求量都是 t_p 时间生产的，即

$$p \cdot t_p = R \cdot t = Q \tag{5.6}$$

（1）存储费。

一个生产周期内的平均存储量为 $\dfrac{\dfrac{1}{2}St}{t} = \dfrac{1}{2}(p - R) \cdot t_p$，已知单位存储费 c_1，因此单位时间内的平均存储费为 $\dfrac{1}{2}c_1 \cdot (p - R) \cdot t_p$。

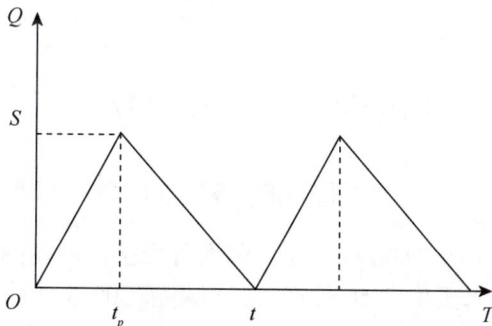

图 5.3　EPQ 模型的存储量变化

（2）生产费。

t 时间内组织了一次生产，已知生产准备费 c_3，所有单位时间的平均生产费为 $\dfrac{c_3}{t}$。

由此可得，单位时间内平均总费用

$$C(t) = \frac{1}{2}c_1 \cdot (p - R) \cdot t_p + \frac{c_3}{t} \tag{5.7}$$

由式（5.6）解出

$$t_p = \frac{Rt}{p} \tag{5.8}$$

把式（5.8）代入式（5.7）中，得到

$$C(t) = \frac{1}{2}c_1 Rt\left(\frac{p - R}{p}\right) + \frac{c_3}{t} \tag{5.9}$$

（3）最小费用。

把式（5.9）对 t 求导，令 $\dfrac{dC(t)}{dt} = \dfrac{1}{2}c_1 R\left(\dfrac{p - R}{p}\right) - \dfrac{c_3}{t^2} = 0$，解得 $t = \sqrt{\dfrac{2c_3}{c_1 R}}\sqrt{\dfrac{p}{p - R}}$，可以

验证费用函数 $C(t)$ 在 $t = \sqrt{\dfrac{2c_3}{c_1 R}}\sqrt{\dfrac{p}{p - R}}$ 处取得极小值。因此，最佳生产周期为

$$t^* = \sqrt{\frac{2c_3}{c_1 R}}\sqrt{\frac{p}{p - R}} \tag{5.10}$$

由式（5.6）知 $Q = Rt$，由此求出最佳生产批量

$$Q^* = \sqrt{\frac{2c_3 R}{c_1}}\sqrt{\frac{p}{p - R}} \tag{5.11}$$

把式（5.10）代入式（5.9）中，得到单位时间内平均最小费用

$$C^* = \sqrt{2c_1 c_3 R}\sqrt{\frac{p - R}{p}} \tag{5.12}$$

同时，模型中的最大存储量 $S = (p - R) \cdot t_p = (p - R)\dfrac{Q}{p}$，在最优策略下，把式（5.11）代入得到

$$S = \sqrt{\frac{2c_3 R}{c_1}}\sqrt{\frac{p - R}{p}} \tag{5.13}$$

与 EOQ 相比，经济周期和经济批量表达式中多了因子 $\sqrt{\dfrac{p - R}{p}}$，设想当补充速度很大，即 $p \to +\infty$，有 $\sqrt{\dfrac{p - R}{p}} \to 1$，那么 EPQ 模型就是 EOQ 模型了。

例 5.6 某企业计划年产 7 800 件产品，假设每个生产周期的初装费为 200 元，每件每年的存储费为 3.2 元，每天生产 50 件产品，全年按 300 个工作日计算，试求最佳生产批量及最佳生产周期，使全年的总费用最少。

解 根据题意，$R = 7\ 800$（件/年），$p = 50 \times 300 = 15\ 000$（件/年），$c_3 = 200$（元/次），

$c_1 = 3.2[$元$/($件·年$)]$，代入公式，得

$$t^* = \sqrt{\frac{2c_3}{c_1 R}}\sqrt{\frac{p}{p-R}} = \sqrt{\frac{2 \times 200}{3.2 \times 7800}}\sqrt{\frac{15\ 000}{15\ 000 - 7\ 800}} \approx 0.182(\text{年}) \approx 55(\text{天})$$

$$Q^* = \sqrt{\frac{2c_3 R}{c_1}}\sqrt{\frac{p}{p-R}} = \sqrt{\frac{2 \times 200 \times 7\ 800}{3.2}}\sqrt{\frac{15\ 000}{15\ 000 - 7\ 800}} \approx 1\ 425(\text{件})$$

$$C^* = \sqrt{2c_1 c_3 R}\sqrt{\frac{p-R}{p}} = \sqrt{2 \times 3.2 \times 200 \times 7\ 800}\sqrt{\frac{15\ 000 - 7\ 800}{15\ 000}} \approx 2\ 189(\text{元})。$$

3.3　瞬时补充，允许缺货

前面两种模型是在不允许缺货的前提下讨论的，因此没有考虑缺货费。由于允许缺货，存储降至零后可以再等一段时间才订货，这意味着企业可以少支付几次订购费。一般地，当顾客遇到缺货时不受损失或者损失很小，而企业除了支付少量缺货费外也没有其他损失时，适当发生缺货对企业可能更有利。

1. 模型假设

(1) 单位缺货费 c_2 为常数。

(2) 需求(率)为已知常数 R。

(3) 当存储降为零时，立即补充。

(4) 每次订货时，订购费 c_3 为常数，货物单价为 k。

(5) 单位存储费 c_1 为常数。

2. 模型建立与求解

模型的存储量变化情况如图 5.4 所示。期初存储量为 S，可以满足 t_1 时间内的需求，则 $S = Rt_1$，因此 $t_1 = \dfrac{S}{R}$。$[t_1, t]$ 区间内缺货，一个完整订购周期 t 内，最大缺货量为 $R(t - t_1)$。

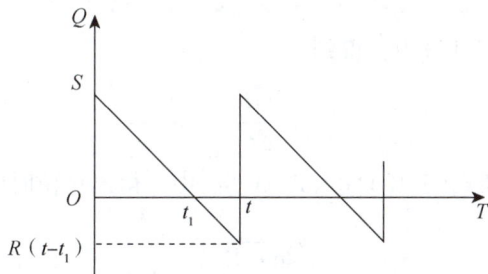

图 5.4　可以缺货的 EOQ 模型的存储量变化情况

(1) 存储费。

t_1 时间内的存储量为 $\dfrac{1}{2}St_1$，$[t_1, t]$ 时间内存储量为零，所以 t 时间内的存储量为 $\dfrac{1}{2}St_1$，已知单位存储费 c_1，因此 t 时间内的存储费为 $\dfrac{1}{2}c_1 St_1 = \dfrac{1}{2}c_1\dfrac{S^2}{R}$。

（2）缺货费。

$[t_1, t]$ 时间内的缺货量为 $\frac{1}{2}R(t-t_1)^2$，已知单位缺货费 c_2，所以，t 时间内的缺货费为 $\frac{1}{2}c_2R(t-t_1)^2 = \frac{1}{2}c_2\frac{(Rt-S)^2}{R}$。

（3）订货费。

已知每次订购费为 c_3，不考虑货物单价 k；

一个周期的总费用为上述三项之和，因此单位时间的平均总费用为

$$C(t, S) = \frac{1}{t}\left[\frac{c_1S^2}{2R} + \frac{c_2(Rt-S)^2}{2R} + c_3\right] \qquad (5.14)$$

（4）最小费用。

利用多元函数求极值的方法，令 $\dfrac{\partial C(t, S)}{\partial S} = \dfrac{1}{t}\left[\dfrac{c_1S}{R} - \dfrac{c_2(Rt-S)}{R}\right] = 0$，解得

$$S = \frac{c_2}{c_1+c_2}Rt \qquad (5.15)$$

再令 $\dfrac{\partial C(t, S)}{\partial t} = -\dfrac{1}{t^2}\left[\dfrac{c_1S^2}{2R} + \dfrac{c_2(Rt-S)^2}{2R} + c_3\right] + \dfrac{1}{t}\left[c_2(Rt-S)\right] = 0$，将式 (5.15) 代入，消去 S，有

$$-c_3R - \frac{c_1}{2}\left(\frac{c_2}{c_1+c_2}Rt\right)^2 - \frac{c_2}{2}\left(Rt - \frac{c_2}{c_1+c_2}Rt\right) + Rt\left[c_2\left(Rt - \frac{c_2}{c_1+c_2}Rt\right)\right] = 0$$

由上式解得最佳订购周期为

$$t^* = \sqrt{\frac{2c_3}{c_1R}}\sqrt{\frac{c_1+c_2}{c_2}} \qquad (5.16)$$

由 $Q = Rt$，最佳订购批量为

$$Q^* = \sqrt{\frac{2c_3R}{c_1}}\sqrt{\frac{c_1+c_2}{c_2}} \qquad (5.17)$$

把式 (5.16) 代入式 (5.15) 中，得到

$$S^* = \sqrt{\frac{2c_3R}{c_1}}\sqrt{\frac{c_2}{c_1+c_2}} \qquad (5.18)$$

最后，把式 (5.16) 和式 (5.18) 代入式 (5.14) 中，得出单位时间内平均最小费用为

$$C^* = \sqrt{2c_1c_3R}\sqrt{\frac{c_2}{c_1+c_2}} \qquad (5.19)$$

从结论可以看出，当 $c_2 \to +\infty$ 时，经济周期和经济批量表达式中的因子 $\sqrt{\dfrac{c_1+c_2}{c_2}} \to 1$，此时就简化为 EOQ 模型。与经典的 EOQ 模型相比，订货时间间隔延长了，尽管增加了缺货费的支出，但是总平均费用减少了。

例 5.7 某百货公司对海尔电冰箱的年需求量为 4 900 台，设每次订购费为 50 元，每台每年存储费为 100 元。如果允许缺货，每台每年缺货费为 200 元，求最佳订购方案。

解　已知 $R = 4\,900$(台/年)，$c_1 = 100$[元/(台·年)]，$c_2 = 200$[元/(台·年)]，$c_3 = 50$(元/次)，代入公式，得

$$t^* = \sqrt{\frac{2c_3}{c_1 R}}\sqrt{\frac{c_1 + c_2}{c_2}} = \sqrt{\frac{2 \times 50}{100 \times 4\,900}}\sqrt{\frac{100 + 200}{200}} = \frac{1}{70}\sqrt{\frac{3}{2}} \approx 0.0175(\text{年}) \approx 6(\text{天})$$

$$Q^* = \sqrt{\frac{2c_3 R}{c_1}}\sqrt{\frac{c_1 + c_2}{c_2}} = \sqrt{\frac{2 \times 50 \times 4\,900}{100}}\sqrt{\frac{100 + 200}{200}} = 70\sqrt{\frac{3}{2}} \approx 86(\text{台})$$

$$C^* = \sqrt{2c_1 c_3 R}\sqrt{\frac{c_2}{c_1 + c_2}} = \sqrt{2 \times 100 \times 50 \times 4\,900}\sqrt{\frac{200}{100 + 200}} = 7\,000\sqrt{\frac{2}{3}} \approx 5\,715(\text{元})$$

3.4　逐渐补充，允许缺货

这是一种允许缺货情况下的 EPQ 模型，与 EPQ 模型相比，多了因缺货引起的费用支出。

1. 模型假设

(1)缺货费 c_2 为常数。

(2)需求(率)为已知常数 R。

(3)当存储降为零时，要通过组织生产加以补充，生产速度为 p，生产持续时间为 t_p。

(4)每次生产时准备费 c_3 为常数，货物单价为 k。

(5)单位存储费 c_1 为常数。

2. 模型建立与求解

如图 5.5 所示，$[0, t_p]$ 是组织生产的时间，$[t_1, t]$ 是缺货的时间，设 t_1 时间内的需求量为 Q_1，它是 t_p 时间内生产完成的，所以 $Q_1 = p \cdot t_p = R \cdot t_1$。

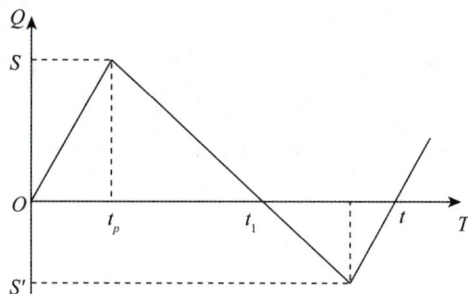

图 5.5　可以缺货的 EPQ 模型存储量变化

(1)存储费。

最大存储量 $S = (p - R)t_p$，t_1 时间内的存储量为 $\frac{1}{2}St_1$，$[t_1, t]$ 时间内存储量为零，所以 t 时间内的存储量为 $\frac{1}{2}St_1$，已知单位存储费 c_1，因此 t 时间内的存储费为

$$\frac{1}{2}c_1 S t_1 = \frac{1}{2}c_1(p - R)t_p t_1 = \frac{1}{2}c_1(p - R)\frac{Q_1^2}{pR}$$

（2）缺货费。

根据三角形相似关系，可以求出最大缺货量 $S' = \dfrac{t - t_1}{t_1}(p - R)t_p$，$[t_1, t]$ 时间内的缺

货量为 $\dfrac{1}{2}(t - t_1)S'$，已知单位缺货费 c_2，所以，t 时间内的缺货费为

$$\frac{1}{2}c_2(t - t_1)S' = \frac{1}{2}c_2 \frac{(t - t_1)^2}{t_1}(p - R)t_p = \frac{1}{2}c_2R\left(\frac{p - R}{p}\right)\left(t - \frac{Q_1}{R}\right)^2$$

（3）生产费。

已知每次生产准备费为 c_3，不考虑货物单价 k。

综上，一个周期的总费用为上述三项之和，单位时间的平均总费用为

$$C(t, Q_1) = \frac{1}{t}\left[\frac{c_1Q_1^2}{2R}\left(\frac{p - R}{p}\right) + \frac{1}{2}c_2R\left(\frac{p - R}{p}\right)\left(t - \frac{Q_1}{R}\right)^2 + c_3\right] \tag{5.20}$$

（4）最小费用。

令 $\dfrac{\partial C(t, Q_1)}{\partial Q_1} = \dfrac{1}{t}\left[\dfrac{c_1Q_1}{R}\left(\dfrac{p - R}{p}\right) + \left(\dfrac{p - R}{p}\right)\left(t - \dfrac{Q_1}{R}\right)c_2\right] = 0$，解得

$$Q_1 = \frac{c_2}{c_1 + c_2}Rt \tag{5.21}$$

再令

$$\frac{\partial C(t, Q_1)}{\partial t} = -\frac{1}{t^2}\left[\frac{c_1Q_1^2}{2R}\left(\frac{p - R}{p}\right) + \frac{c_2R}{2}\left(\frac{p - R}{p}\right)\left(t - \frac{Q_1}{R}\right)^2 + c_3\right] + \frac{c_2R}{t}\left(\frac{p - R}{p}\right)\left(t - \frac{Q_1}{R}\right) = 0$$

将式（5.21）代入上式，消去 Q_1，有

$$-\frac{c_1}{2}\left(\frac{c_2}{c_1 + c_2}\right)Rt^2 - \frac{c_2R}{2}\left(t - \frac{c_2}{c_1 + c_2}t\right)^2 - \frac{p}{p - R}c_3 + c_2Rt\left(t - \frac{c_2}{c_1 + c_2}t\right) = 0$$

由上式解得最佳生产周期为

$$t^* = \sqrt{\frac{2c_3}{c_1R}}\sqrt{\frac{p}{p - R}}\sqrt{\frac{c_1 + c_2}{c_2}} \tag{5.22}$$

最佳生产批量为

$$Q^* = \sqrt{\frac{2c_3R}{c_1}}\sqrt{\frac{p}{p - R}}\sqrt{\frac{c_1 + c_2}{c_2}} \tag{5.23}$$

单位时间内平均最小费用为

$$C^* = \sqrt{2c_1c_3R}\sqrt{\frac{p - R}{p}}\sqrt{\frac{c_2}{c_1 + c_2}} \tag{5.24}$$

可以看出当 $c_2 \to +\infty$ 时，与 EPQ 模型相同，当 $p \to +\infty$ 时，与瞬时补充、可以缺货的模型相同，当 $c_2 \to +\infty$，$p \to +\infty$ 时，与经典的 EOQ 模型相同。

例 5.8 工厂根据供货合同，需按每天 7 件的数量进行供货，正常条件下可以每天生产 10 件产品，已知每天每件存储费是 0.13 元，缺货费是 0.5 元，每次生产准备费为 80 元，求最优生产策略。

解　已知 $R=7($件/天$)$，$c_1=0.13[$元/$($件·天$)]$，$c_2=0.5[$元/$($件·天$)]$，$c_3=80($元/次$)$，$p=10($件/天$)$，代入公式得

$$t^* = \sqrt{\frac{2c_3}{c_1 R}} \sqrt{\frac{p}{p-R}} \sqrt{\frac{c_1+c_2}{c_2}} = \sqrt{\frac{2\times 80}{0.13\times 7}} \sqrt{\frac{10}{10-7}} \sqrt{\frac{0.13+0.5}{0.5}} \approx 27.6(\text{天})$$

$$Q^* = Rt^* = 7\times 27.6 \approx 193(\text{件})$$

$$C^* = \sqrt{2c_1 c_3 R} \sqrt{\frac{p-R}{p}} \sqrt{\frac{c_2}{c_1+c_2}} = \sqrt{2\times 0.13\times 80\times 7} \sqrt{\frac{10-7}{10}} \sqrt{\frac{0.5}{0.13+0.5}} \approx 5.8(\text{元})$$

3.5　有批发折扣价的情况

前面的四种模型都是不考虑货物成本的，根本原因是依照它们的假设，订货周期即订货量对货物单价不产生影响。但一般来说，价格会随着订货量的增加而减少。这里仅以EOQ 模型为例进行分析，其他情况类似。

1. 模型假设

前提为瞬时补充，不允许缺货的经典 EOQ 模型，但货物单价与订货量有关，如式（5.25）所示，当订货量 $0 \leqslant Q < Q_1$ 时，单价为 k_0；当订货量 $Q_1 \leqslant Q < Q_2$ 时，单价为 k_1；以此类推。

$$k = \begin{cases} k_0 & 0 \leqslant Q < Q_1 \\ k_1 & Q_1 \leqslant Q < Q_2 \\ k_2 & Q_2 \leqslant Q < Q_3 \\ \cdots \\ k_n & Q_n \leqslant Q \end{cases} \tag{5.25}$$

2. 模型建立与求解步骤

在经典 EOQ 模型中，已经求出最小费用函数为

$$C(Q) = \frac{c_1 Q}{2} + \frac{c_3 R}{Q} + kR \tag{5.26}$$

现在货物有批发折扣价，因此费用函数改写成

$$C_i(Q) = \frac{c_1 Q}{2} + \frac{c_3 R}{Q} + k_i R \tag{5.27}$$

其中 $Q \in [Q_i, Q_{i+1})$。具有价格折扣优惠的存储模型，求解步骤为：

（1）用 EOQ 模型中的式（5.4）求出经济批量，记为 Q_0，$Q_0 = \sqrt{\dfrac{2c_3 R}{c_1}}$。

（2）根据 Q_0 的取值确定 k 值，记为 k_i，用式（5.27）计算最小费用函数，记为 C_0，其中 $C_0 = \dfrac{c_1 Q_0}{2} + \dfrac{c_3 R}{Q_0} + k_i R = \sqrt{2c_1 c_3 R} + k_i R$，$Q_0 \in [Q_i, Q_{i+1})$。

（3）分别取 $Q = Q_{i+1}, Q_{i+2}, \cdots, Q_n$，得到不同的 k 值，代入费用函数式（5.27）中，得到费用函数 C_i。

（4）比较 C_0 和 C_i 的值，取 $C^* = \min\{C_0, C_i\}$，相应的订货量为 Q^*。

例 5.9 生产车间每周需要零件 32 箱，存储费每箱每周 1 元，每次订购费 25 元，不允许缺货。零件进货价格为订货量 1~9 箱时，每箱 12 元；订货量 10~49 箱时，每箱 10 元；订货量 50~99 箱时，每箱 9.5 元；订货量 99 箱以上时，每箱 9 元，求最优存储策略。

解 由已知 $R = 32$（箱／周），$c_1 = 1[元/(箱·周)]$，$c_3 = 25$（元/次），货物单价函数为

$$k = \begin{cases} 12 & 1 \leq Q \leq 9 \\ 10 & 10 \leq Q \leq 49 \\ 9.5 & 50 \leq Q \leq 99 \\ 9 & Q \geq 100 \end{cases}$$

（1）先计算不考虑批发折扣价时的经济批量。

$$Q_0 = \sqrt{\frac{2c_3 R}{c_1}} = \sqrt{\frac{2 \times 25 \times 32}{1}} = 40（箱）$$

（2）因 $Q_0 \in [10, 49]$，取 $k = 10$，计算最小费用 C_0。

$$C_0 = \sqrt{2c_1 c_3 R} + kR = \sqrt{2 \times 1 \times 25 \times 32} + 10 \times 32 = 360（元）$$

（3）不考虑小于经济批量的折扣价，这里取 $Q = 50, 100$，对应的货物单价 $k = 9.5$，9，分别代入式（5.27）中

$$C_1 = \frac{c_1 Q}{2} + \frac{c_3 R}{Q} + kR = \frac{1 \times 50}{2} + \frac{25 \times 32}{50} + 9.5 \times 32 = 345（元）$$

$$C_2 = \frac{c_1 Q}{2} + \frac{c_3 R}{Q} + kR = \frac{1 \times 100}{2} + \frac{25 \times 32}{100} + 9 \times 32 = 346（元）$$

（4）取 $C^* = \min\{C_0, C_1, C_2\} = \min\{360, 345, 346\} = 345$，因此 $Q^* = 50$（箱）。最佳订购周期 $t^* = \frac{Q^*}{R} = \frac{50}{32} \approx 1.56$（周）。

在本例中，可以将有折扣价的费用函数用图 5.6 呈现，从图中可以看出小于经济批量的费用函数明显高于 C_0，而大于经济批量的费用函数，在订货区间端点处的费用大小无法精确判定，但可以通过上述求解步骤计算求得。

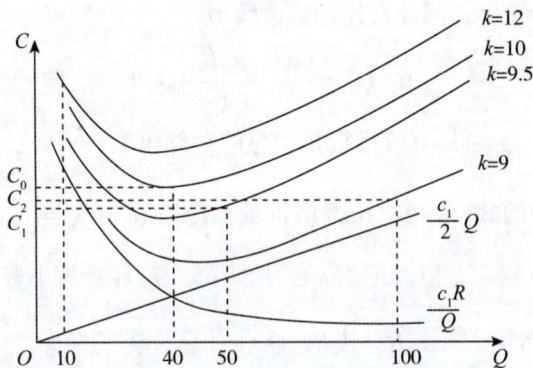

图 5.6 有折扣价的费用函数

第 4 节　随机性存储模型

现实中，常常有需求、供货不确定的情况，为解决这类问题，很自然地要提出随机性存储模型。把需求量看成随机变量，对离散型随机变量和连续型随机变量分别讨论。

4.1　需求量是离散型随机变量

以报童问题为例，这是一个十分著名的案例。在一个周期内只订货一次，若未到期，货已售完则不再补订货物；若滞销，在期末对货物进行降价处理。总之，无论是供大于求还是供不应求都会有损失，因此该模型研究的目的是确定一个最佳订货量，使预期的总损失最小或总盈利最大。

1. 模型假设

（1）一个周期报纸的需求量为随机变量 X，它是离散型随机变量，取值为 x_i，概率分布为 $P(x_i)$。

（2）一个周期的订货批量为 Q。

（3）单位产品的购入价格为 C。

（4）单位产品的售价为 P。

（5）剩余单位产品的处理价格为 V。

（6）单位产品的缺货损失为 B。

（7）供大于求时的存储成本为 H；供不应求时为 0。

基于上述假设，在供大于求时，单位产品的成本设为 m，有

$$m = C + H - V \tag{5.28}$$

而供不应求时，单位产品的损失设为 n，那么

$$n = P - C + B \tag{5.29}$$

2. 模型建立与求解

当订货批量 $Q \geqslant x_i$，供大于求，费用期望值为 $m \sum\limits_{Q \geqslant x_i} (Q - x_i) \cdot p(x_i)$；当订货批量 $Q < x_i$，供不应求，费用期望值为 $n \sum\limits_{Q < x_i} (x_i - Q) \cdot p(x_i)$，因此，总费用期望值为

$$E[C(Q)] = m \sum_{Q \geqslant x_i} (Q - x_i) p(x_i) + n \sum_{Q < x_i} (x_i - Q) p(x_i) \tag{5.30}$$

因随机变量为离散型，不能用求导的方法求极值，但是 $E[C(Q)]$ 存在极小值的必要条件是

$$\begin{cases} E[C(Q)] \leqslant E[C(Q+1)] \\ E[C(Q)] \leqslant E[C(Q-1)] \end{cases} \tag{5.31}$$

由式（5.30），有

$$E[C(Q)] = m \sum_{x_i = 0}^{Q} (Q - x_i) p(x_i) + n \sum_{x_i = Q+1}^{+\infty} (x_i - Q) p(x_i)$$

$$E[C(Q+1)] = m\sum_{x_i=0}^{Q+1}(Q+1-x_i)p(x_i) + n\sum_{x_i=Q+2}^{\infty}(x_i-Q-1)p(x_i)$$

$$E[C(Q-1)] = m\sum_{x_i=0}^{Q-1}(Q-1-x_i)p(x_i) + n\sum_{x_i=Q}^{\infty}(x_i-Q+1)p(x_i)$$

由(5.31)中 $E[C(Q)] \leqslant E[C(Q+1)]$，得到

$$E[C(Q+1)] - E[C(Q)]$$

$$= m\Big[\sum_{x_i=0}^{Q+1}(Q+1-x_i)p(x_i) - \sum_{x_i=0}^{Q}(Q-x_i)p(x_i)\Big] +$$

$$n\Big[\sum_{x_i=Q+2}^{+\infty}(x_i-Q-1)p(x_i) - \sum_{x_i=Q+1}^{+\infty}(x_i-Q)p(x_i)\Big]$$

$$= m\Big[\sum_{x_i=0}^{Q}(Q-x_i)p(x_i) + \sum_{x_i=0}^{Q}p(x_i) - \sum_{x_i=0}^{Q}(Q-x_i)p(x_i)\Big] +$$

$$n\Big[\sum_{x_i=Q+2}^{+\infty}(x_i-Q)p(x_i) - \sum_{x_i=Q+2}^{+\infty}p(x_i) - p(Q+1) - \sum_{x_i=Q+2}^{+\infty}(x_i-Q)p(x_i)\Big]$$

$$= m\sum_{x_i=0}^{Q}p(x_i) - n\sum_{x_i=Q+2}^{+\infty}p(x_i) - np(Q+1) \geqslant 0$$

因此

$$m\sum_{x_i=0}^{Q}p(x_i) \geqslant n\sum_{x_i=Q+1}^{+\infty}p(x_i)$$

上式两边同时加上一项，

$$m\sum_{x_i=0}^{Q}p(x_i) + n\sum_{x_i=0}^{Q}p(x_i) \geqslant n\sum_{x_i=Q+1}^{+\infty}p(x_i) + n\sum_{x_i=0}^{Q}p(x_i)$$

$$(m+n)\sum_{x_i=0}^{Q}p(x_i) \geqslant n\sum_{x_i=0}^{+\infty}p(x_i) = n$$

解得 $\sum_{x_i=0}^{Q}p(x_i) \geqslant \dfrac{n}{m+n}$。

同理，再由式(5.31)中 $E[C(Q)] \leqslant E[C(Q-1)]$，解得 $\sum_{x_i=0}^{Q-1}p(x_i) \leqslant \dfrac{n}{m+n}$。

综上

$$\sum_{x_i=0}^{Q-1}p(x_i) \leqslant \frac{n}{m+n} \leqslant \sum_{x_i=0}^{Q}p(x_i) \tag{5.32}$$

利用式(5.32)可以确定 Q^* 的值。

例5.10 报童每天向邮局订购报纸若干份，若报童一提出订购，立即可拿到报纸。设订购报纸每份0.35元，零售报纸每份0.5元，如果当天没有售完，第二天可退回邮局，邮局按每份0.1元退款。已知这种报纸需求的概率分布如表5.1所示，问报童应订购多少份报纸才能保证损失最小？

表5.1 报纸需求的概率分布

需求 X	9	10	11	12	13	14
$p(x)$	0.05	0.15	0.20	0.40	0.15	0.05

解　根据题意，$C = 0.35$(元/份)，$P = 0.5$(元/份)，$V = 0.1$(元/份)，代入式(5.28)和式(5.29)中，有

$$m = C + H - V = 0.35 + 0 - 0.1 = 0.25$$

$$n = P - C + B = 0.5 - 0.35 + 0 = 0.15$$

把 m，n 的值代入式(5.32)，有

$$\frac{n}{m+n} = \frac{0.15}{0.25 + 0.15} = 0.375$$

$$\sum_{x_i=0}^{Q-1} p(x_i) \leqslant 0.375 \leqslant \sum_{x_i=0}^{Q} p(x_i)$$

根据表 5.1 计算累计概率

$$\sum_{x_i=0}^{10} p(x_i) = 0.05 + 0.15 = 0.20$$

$$\sum_{x_i=0}^{11} p(x_i) = 0.05 + 0.15 + 0.20 = 0.40$$

即 $Q^* = 11$，所以报童订购 11 份报纸时，才能保证损失最小。

同时，根据式(5.30)，可以计算出当报童订购 11 份报纸时的最小损失和最大利润。

最小损失

$$0.25 \times [(11-9) \times 0.05 + (11-10) \times 0.15 + (11-11) \times 0.2] +$$

$$0.15 \times [(12-11) \times 0.4 + (13-11) \times 0.15 + (14-11) \times 0.05] = 0.19(元)$$

最大利润

$$11 \times (0.5 - 0.35) - 0.19 = 1.46(元)$$

4.2　需求量是连续型随机变量

假设一个时期内的需求量 X 是连续型随机变量，$f(x)$ 为概率密度函数，$F(x)$ 是分布函数，则有

$$F(x) = \int_0^x f(t)\,\mathrm{d}t$$

与离散型类似，最优存储策略仍为该时期内的总期望费用最小或总期望收益最大。

当订货批量 $Q \geqslant x$，即供大于求时，存储费用的期望值为

$$m \int_0^Q (Q-x) f(x)\,\mathrm{d}x \tag{5.33}$$

当订货批量 $Q < x$，即供不应求时，缺货费用的期望值为

$$n \int_Q^{+\infty} (x-Q) f(x)\,\mathrm{d}x \tag{5.34}$$

综上，总费用的期望值为

$$E[C(Q)] = m \int_0^Q (Q-x) f(x)\,\mathrm{d}x + n \int_Q^{+\infty} (x-Q) f(x)\,\mathrm{d}x \tag{5.35}$$

打开括号 $E[C(Q)] = mQ \int_0^Q f(x)\,\mathrm{d}x - m \int_0^Q x f(x)\,\mathrm{d}x + n \int_Q^{+\infty} x f(x)\,\mathrm{d}x - nQ \int_Q^{+\infty} f(x)\,\mathrm{d}x$，

令 $\dfrac{\mathrm{d}E[C(Q)]}{\mathrm{d}Q} = 0$，有

$$m \int_0^Q f(x)\,\mathrm{d}x + mQf(Q) - mQf(Q) - nQf(Q) - n \int_Q^{+\infty} f(x)\,\mathrm{d}x + nQf(Q) = 0$$

化简并移项，得到

$$m \int_0^Q f(x)\,\mathrm{d}x = n \int_Q^{+\infty} f(x)\,\mathrm{d}x$$

等式两端同时加上 $n \int_0^Q f(x)\,\mathrm{d}x$ ，变为

$$m \int_0^Q f(x)\,\mathrm{d}x + n \int_0^Q f(x)\,\mathrm{d}x = n \int_Q^{+\infty} f(x)\,\mathrm{d}x + n \int_0^Q f(x)\,\mathrm{d}x$$

整理得到

$$(m + n) \int_0^Q f(x)\,\mathrm{d}x = n \int_0^{+\infty} f(x)\,\mathrm{d}x$$

根据前面的假设和概率相关知识，有 $F(Q) = P(X \leqslant Q) = \int_0^Q f(x)\,\mathrm{d}x$ ，$F(+\infty) = P(X \leqslant +\infty) = \int_0^{+\infty} f(x)\,\mathrm{d}x = 1$，于是

$$F(Q) = P(X \leqslant Q) = \int_0^Q f(x)\,\mathrm{d}x = \frac{n}{m + n} \tag{5.36}$$

例 5.11 某服装店拟订购一批夏季服装，进货价是每件 500 元，预计售价为每件 1 000元，若未售完，要在季末削价处理，处理价为每件200 元。根据以往经验，服装需求服从 $[50，100]$ 上的均匀分布，求最佳订货量。

解 根据题意，$C = 500$(元/件)，$P = 1\,000$(元/件)，$V = 200$(元/件)，则

$$m = C + H - V = 500 + 0 - 200 = 300$$
$$n = P - C + B = 1\,000 - 500 + 0 = 500$$

把 m，n 的值代入式(5.36)，有

$$F(Q) = \int_0^Q f(x)\,\mathrm{d}x = \frac{500}{300 + 500} = 0.625$$

由于服装需求量 $X \sim U(50，100)$ ，则 $F(Q) = \dfrac{Q - 50}{100 - 50} = 0.625$，解得 $Q^* = 81.25 \approx 81$(件)。

习 题

5.1 一汽车公司每年使用某种零件 150 000 件，每件每年保管费 0.2 元，不允许缺货，试比较每次订购费为 1 000 元或 100 元两种情况下的经济订购批量、经济周期与最小费用。

5.2 某产品每月需求量为 8 件，生产准备费为 100 元，存储费为 5 元/(月·件)。在不允许缺货条件下，比较生产速度分别为每月 20 件和 40 件两种情况下的经济生产批量、经济周期与最小费用。

5.3 对某种电子元件每月需求量为 4 000 件，每件成本为 150 元，每年的存储费为成本的 10%，每次订购费为 500 元，求：

（1）不允许缺货条件下的最优存储策略。

（2）允许缺货［缺货费为 100 元/（件·年）］条件下的最优存储策略。

5.4　某拖拉机厂生产一种小型拖拉机，每月可生产 1 000 台，但对该拖拉机的市场需要量为每年 4 000 台。已知每次生产的准备费用为 15 000 元，每台拖拉机每月的存储费为 10 元，允许缺货［缺货费为 20 元/（台·月）］，求经济生产批量、经济周期与最小费用。

5.5　某汽车厂的多品种装配线轮换装配各种牌号汽车。已知某种牌号汽车每天需 10 台，装配能力为 50 台/天。该牌号汽车成本为 15 万元/台，当更换产品时需准备结束费用 200 万元/次。若规定不允许缺货，存储费为 50 元/（台·天）。试求：

（1）该装配线最佳的装配批量。

（2）若装配线批量达到每批 2 000 台时，汽车成本可降至 14.8 万元/台（存储费、准备结束费不变），问：该厂可否采纳此方案。

5.6　某商店准备在新年前订购一批挂历批发出售，已知每售出一批（100 本）可获利 70 元。如果挂历在新年前售不出去，则每 100 本损失 40 元。根据以往销售经验，该商店售出挂历的数量如表 5.2 所示。

表 5.2　5.6 题表

销售量/本	0	100	200	300	400	500
概率	0.05	0.10	0.25	0.35	0.15	0.10

如果该商店对挂历只能提出一次订货。试问应订多少本，能使期望的获利数为最大？

5.7　某商店代销一种产品，每件产品的进购价格为 800 元，存储费每件 40 元，缺货费每件 1 015 元，订购费一次 60 元，原有库存 10 件。已知对该产品需求的概率如表 5.3 所示。

表 5.3　5.7 题表

需求量 x	30	40	50	60
概率	0.20	0.20	0.40	0.20

试确定该商店的最佳订货数量。

5.8　对某产品的需求量服从正态分布，已知 $\mu = 150$，$\sigma = 25$。又知每个产品的进价为 8 元，售价为 15 元，如销售不完按每个 5 元退回原单位。试问该产品的订货量应为多少个，能使预期的利润为最大？

5.9　已知某产品的单位成本 $k = 3.0$，单位存储费 $c_1 = 1.0$，单位缺货损失 $c_2 = 5.0$，每次订购费 $c_3 = 5.0$。需求量 x 的概率密度函数为

$$f(x) = \begin{cases} 1/5, & 5 \leq x \leq 10 \\ 0, & \text{else} \end{cases}$$

设期初库存为零，试依据 (s, S) 型存储策略的模型确定 s 和 S 的值。

第6章　排队论

排队现象在社会中非常普遍，如食堂就餐、医院看病、车辆维修、轮船进港等都需要排队。排队论的研究就是要找出排队系统的规律性，使得设计人员掌握这种规律，合理设计出最优化的排队系统。这样既可以使服务人员或服务台得到充分的利用，还可以使顾客得到满意的服务，使排队系统处于最佳运营状态。

作为运筹学的一个重要分支，排队系统的重要特点是随机性，因此对系统的分析以统计方法为主。本章主要涉及泊松分布、负指数分布等随机分布，运用"马尔科夫链"，介绍最常见的排队系统的规律，并对常见单服务台系统和多服务台系统进行分析，得出服务系统优化设计所需的主要参数。

第1节　排队论概述

1.1　排队论的发展

现代排队论起源于19世纪末20世纪初，第二次世界大战后发展成为一门完整而丰富的理论学科。大致可以将排队论的发展历程分为三个阶段。

1. 萌芽阶段

1909—1920年，丹麦数学家、统计学家爱尔朗用概率论方法研究电话通话问题，从而开创了这门应用数学学科，并为这门学科建立了很多基本原则。之后从事排队论研究的先驱人物有法国数学家勃拉彻、苏联数学家辛钦等，他们用数学方法深入地分析了电话呼叫的本质特性，促进了排队论的研究。20世纪30年代中期，当费勒引进了生灭过程后，排队论才被数学界承认是一门重要的学科。

2. 产生阶段

20世纪50年代初，肯道尔用马尔科夫链研究排队论，并率先提出用3个字母组成的符号A/B/C表示排队论系统。排队论与存量理论、水库问题等的联系开始于20世纪50年代末到20世纪60年代初，这期间，优先排队问题、网络队列问题先后问世。

3. 发展阶段

20世纪70年代后，由于排队问题多数呈网络出现，烦琐的计算使研究范围扩及计算方法上面，人们开始研究排队网络和复杂排队问题的渐进解等。排队论的发展来自实际问题的需要和近代计算工具的精密、快速，现在排队论已经深入渗透到了生产系统、交通运输系统等领域。

1.2 排队现象

1. 交通运输系统

船只到港卸载问题。船只作为顾客输入，若有其他船只正在接受服务，那么该船只就必须排队等待，港口的码头是服务台，为船只提供卸载服务。

机场调度问题。飞机起降作为顾客，机场的跑道和停机坪作为服务台，为多个航班起降服务，后面请求起降的飞机必须等待。合理安排好飞机起降，最大限度使用跑道和停机坪，避免飞机长时间等待。

2. 仓储系统

仓储系统中，货物的到达是随机行为，仓库安排货物入库，若前面有正在服务的顾客，那么货物的入库就要进行排队等待。安排多个仓库同时入库，可以减少等待的时间，但货物到达的时间是不确定的，即没有顾客时会造成服务设备和人员的浪费，增加服务成本。所以研究仓储系统就是为了让仓库服务设备和人员得到充分利用，同时减少货物入库时排队等待的时间。

3. 医院就医服务

看病就医排队是百姓生活中最常见的问题。病人就是顾客，到达的时间是随机的。医院为病人提供服务，由于医院的资源有限，病人需要排队等候。很多医院都在深入研究如何使医疗资源得到最大限度地使用，又使病人排队等待的时间减少。

排队现象还有很多，可以说涉及社会的方方面面，但排队问题不是一个简单的服务问题，它背后实际是深层次、亟待改善的管理优化问题。

1.3 排队系统构成要素

现实中排队现象虽然多种多样，但其基本排队过程是相似的，将不同的排队系统抽象出来进行比较，归结出三个共同特征：

（1）有要求服务的人或物，称为顾客。

（2）有提供服务的人或物，称为服务台。

（3）顾客到达的时间间隔与服务时间具有不确定性。

排队过程一般由顾客出发，到达服务台前排队等候，接受服务台的服务，服务完之后顾客离开这样一个过程构成。图 6.1 所示为排队过程的一般模型，虚线的部分即排队系统。

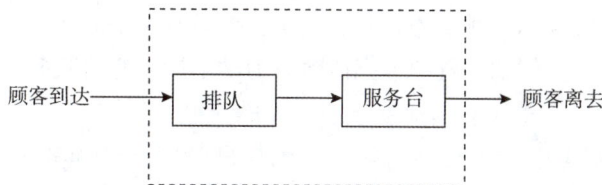

图 6.1　排队过程的一般模型

从图 6.1 中可以看出，一个排队系统的主要构成部分是输入、排队、服务台及服务规则。

1. 输入

描述顾客按怎样的规律达到排队系统的过程称为顾客流，一般可以从三个方面来描述一个输入过程。

(1)顾客总体。

顾客总体可以是人或物；可以是一个有限的集合，也可以是无限的集合，只要顾客总体所包含的元素数量充分大，就可以把顾客总体有限的情况近似看成是顾客总体无限的情况来处理。例如，到售票处购票的顾客总是可以认为是无限的，上流河水流入水库可以认为顾客总体是无限的，而工厂里等待修理的机器设备显然是有限的顾客总体。

(2)顾客到达方式。

描述顾客是怎样到达系统的，可以是单个到达，也可以是成批到达。例如，病人到医院看病是单个到达的；材料进货或产品入库是成批到达的。

(3)顾客流的概率分布或顾客相继到达的时间间隔分布。

描述顾客到达的时间规律，一般有定长分布、二项分布、泊松分布和爱尔朗分布等。

2. 排队

顾客排队分为无限排队和有限排队。

(1)无限排队。

是指顾客数量是无限的，排队的队列可以无限长，又称为等待制排队系统。当顾客到来时，若服务台正在服务，那么顾客加入排队等待的队伍中等待服务。如排队等待买票。

(2)有限排队。

是指系统中顾客数量是有限的情况。有限排队又分损失制排队系统、等待制排队系统和混合制排队系统。

①损失制排队系统：先到的顾客占用服务台，其余离去，即不形成队列。如电话拨号后出现忙音，顾客不愿等待而自动挂断电话，如需再次拨打就需要重新拨号。

②等待制排队系统：先到的顾客占用服务台，后到的顾客加入队列排队等待。

③混合制排队系统：损失制和等待制系统的结合，顾客到服务系统后会排队，但不是无限制的排队。混合制排队系统又分为队长有限、等待时间有限和逗留时间有限的排队系统。

3. 服务台及服务规则

(1)服务台。

从数量上看，有单服务台和多服务台之分；从构成形式上看，有以下五种形式。

①一队单台：顾客到达，排队方式只有一队，也只有一个服务台，一次为一个顾客提供服务，如图 6.2 所示。例如，校园卡充值窗口为学生提供充值服务。

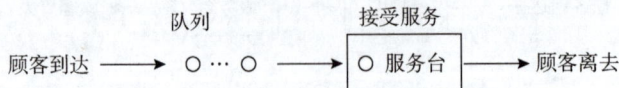

队列　　　　　　接受服务

顾客到达 ⟶ ○ … ○ ⟶ [○ 服务台] ⟶ 顾客离去

图 6.2　一队单台

②一队多台：顾客到达，排队方式只有一队，但有多个并列的服务台为顾客提供服务，如图 6.3 所示。例如，地铁高峰时段入闸刷卡服务，乘客排成一列长队，多个闸口提供服务。

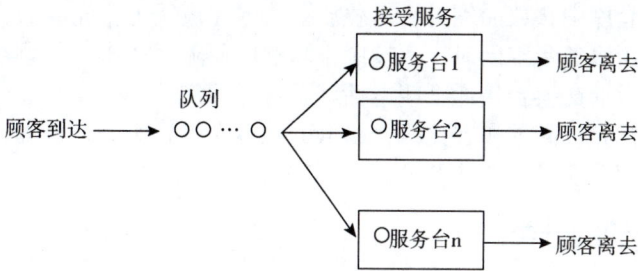

图 6.3　一队多台

③多队多台：顾客到达，排队方式有多个队伍，也有多个并列的服务台为顾客提供服务，如图 6.4 所示。例如，铁路售票服务，多个排队购票队伍，多个售票窗口提供服务。

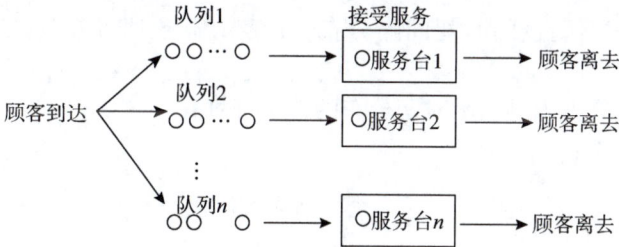

图 6.4　多队多台

④多台串列：顾客到达，排队方式只有一队，有多个串联的服务台为顾客提供服务，如图 6.5 所示。例如，财务报账服务、新生报到服务等。

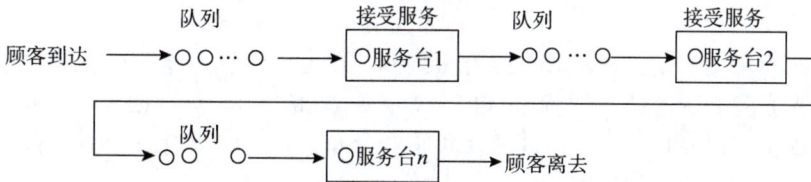

图 6.5　多台串列

⑤多台混合：包括一队多台和多队多台并串联混合形式，如图 6.6 所示。

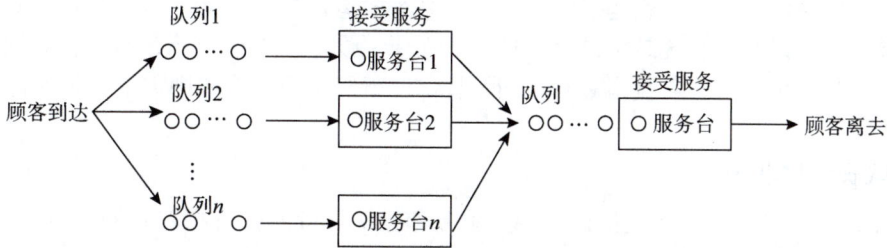

图 6.6　多台混合

(2)服务规则。

在等待制中，服务台在选择顾客进行服务时常有以下四种规则。

①先到先服务：先到达的顾客先服务，后到达的顾客后服务，这是最普遍的情形。例如，银行业务服务、购票服务、食堂就餐服务等。

②后到先服务：后到达的顾客先服务，先到达的顾客后服务，在某些系统中会出现这样的情况。例如，仓库中叠放的钢材，后叠放上去的先被领走，先放的反而后被领走。

③随机服务：当服务台空闲时，不按照排队顺序而随意从排队的顾客中指定某个顾客接受服务。例如，电话交换台接通呼叫电话就是这样的例子。

④优先服务：优先权高的顾客比优先权低的顾客先得到服务。例如，危重病人优先就诊、银行 VIP 客户优先服务、救灾物资优先运输等。

1.4　排队系统的分类

肯道尔(D. G. Kendall)在 1953 年提出了一种分类方法，即按照系统三个最主要的、影响最大的特征要素进行分类：顾客相继到达的时间间隔分布、服务时间和服务台数。并用 Kendall 记号表示，符号形式为

$$X/Y/Z$$

其中，X 表示顾客相继到达的时间间隔分布；Y 表示服务时间分布；Z 表示并列的服务台数。

那么，在 X、Y 处填入的表示时间分布的常用符号有：

M——负指数分布；

D——定长分布；

E_k——k 阶爱尔朗分布；

G_I——一般相互独立的时间间隔分布；

G——一般随机的服务时间分布；

W——威布尔分布。

在 1971 年，关于排队论符号标准会议上决定将 Kendall 记号扩充为

$$X/Y/Z/A/B/C$$

其中，前面三项意义不变，A 表示系统容量限制，B 表示顾客总量，C 表示服务规则，常用的有先到先服务 FCFS、后到先服务 LCFS 等。如 $D/M/1/\infty/\infty/FCFS$ 表示顾客相继到达的时间间隔服从定长分布，服务时间服从负指数分布，系统中只有一个服务台，系统容量无限，顾客总量无限的先到先服务的排队系统。

1.5　排队系统的数量指标

研究排队系统的目的，就是研究排队服务系统的运行效率、估计服务质量、确定系统参数的最优值，以判断系统结构是否合理，从而研究设计改进措施等。因此，必须给出排队系统的数量指标，有些数量指标是在问题提出时就给定的，有些则需要根据实际测量的数据来确定。

1. 队长和排队长

(1)队长：系统中顾客(包括正在接受服务和排队等待的所有顾客)的平均值，即期望值，用 L 表示。

(2)排队长：系统中排队等待服务的顾客数的平均值，用 L_q 表示。一般来说，L_q 越大，服务率越低，排队越长。

队长和排队长都是随机变量，是顾客和服务机构双方都十分关心的数量指标。

2. 等待时间和逗留时间

(1)等待时间：顾客从到来至接受服务的这段时间，用 W_q 表示。

(2)逗留时间：顾客从到来至离去(离开服务台)的这段时间，用 W 表示。

这两个时间指标同样是随机变量，并且服从于一定的概率分布，这两个时间越短，表明系统服务效率越高。

3. 忙期和闲期

(1)忙期：从有顾客到来至服务台变空为忙期。

(2)闲期：忙期结束至有顾客到来，即服务台空着的时间，为闲期。

忙期和闲期是交替出现的，这两个时间长度也是随机变量，求的是它们的期望值。这两个指标关系到服务台的服务工作强度和承受力，从而决定服务的成本。

计算这些指标的基础是表达系统状态的概率，而这些状态的概率一般是随着时间而变化的，这就导致对系统的瞬时状态研究分析十分困难，因此，排队论中主要研究系统处于稳定状态的工作情况。

另外，从参数的意义可知，作为顾客，希望队伍短，等待和逗留时间短；对于服务台而言，这需要缩短每位顾客的服务时间，意味着增加服务强度，需要支付更高的代价。由于保证服务(顾客的要求)和降低强度(服务台的要求)是相互矛盾的，因此最终的评价要借助于经济性指标，即使得顾客等待引起的损失与服务工作发生费用之和最小。

第 2 节　到达间隔分布和服务时间分布

影响排队的主要因素是单位时间内到达系统的顾客数和一个顾客接受服务所需时间。由于这两个参数都带有随机性，因此只能对它们进行概率的描述。

现实中，顾客流服从泊松分布，此时顾客相继到达的时间间隔服从负指数分布，也可以理解成服务时间服从负指数分布，这种情况最为普遍，也最容易处理，因此研究中应用得最多。当具体分布难以确定时，就按上述进行假设，只有在必要时，才按其他分布进行处理。

2.1　泊松分布

1. 最简单流

顾客按一定分布(或密度)不断到达称为顾客流，泊松流又称为最简单流。它具有以下四个性质。

(1)平稳性。

在一定时间间隔内，来到服务系统 k 个顾客的概率仅与时间间隔长短有关，而与这段时间的起始时刻无关，如图 6.7 所示。

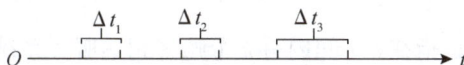

图 6.7　平稳性示意

因为 Δt_1、Δt_2 等长，则 Δt_1、Δt_2 内顾客到达的概率相等，而 Δt_3 内的顾客到达概率与

它们不相等。也就是说，单位时间内来到系统的顾客数量不确定，但从一个较长的时间来考察，单位时间内来到的顾客数量是稳定的，可以设为 λ 个顾客，那么顾客流入的平均速度就是 λ。

（2）无后效性。

在不相交的时间间隔内到达的顾客数是相互独立的。或者说在时间区间 $[t, t+\Delta t]$ 内来 k 个顾客的概率与时刻 t 之前来多少个顾客无关。

（3）普通性。

在足够小的时间间隔内只能有一个顾客到达，不可能有两个以上顾客同时到达。如用 $\varphi(t)$ 表示 Δt 时间内有两个及以上顾客到达的概率，则有

$$\lim_{\Delta t \to 0} \frac{\varphi(t)}{\Delta t} = 0$$

（4）有限性。

在任意的有限时间区间内，到达有限个顾客的概率是 1。也就是说系统中有 0 个顾客，1 个顾客，……，有 k 个顾客（$k \to +\infty$）这些情况中，必然有一种要发生，即

$$\sum_{k=0}^{+\infty} p_k(t) = 1$$

其中，$p_k(t)$ 表示 t 时间内系统中有 k 个顾客的概率。

2. 概率分布

下面研究 $p_k(t)$ 的具体表达式，确定其概率分布。

首先将长度为 t 的时间区间 n 等分，每份长度 $\Delta t = \dfrac{t}{n}$ 充分小（$\Delta t \to 0$）。根据最简单流的性质，单位时间内平均到达的顾客数为 λ 个，那么 Δt 时间内有一个顾客到达的概率为

$$\lambda \cdot \Delta t = \frac{\lambda t}{n}$$

相应地，Δt 时间内没有顾客到达的概率为

$$1 - \lambda \cdot \Delta t = 1 - \frac{\lambda t}{n}$$

根据无后效性，n 个 Δt 时间内有无顾客到达看成是 n 重伯努利试验，根据二项分布，t 时间内有 k 个顾客到达的概率为

$$
\begin{aligned}
p_k(t) &= \lim_{n \to \infty} C_n^k \left(\frac{\lambda t}{n}\right)^k \left(1 - \frac{\lambda t}{n}\right)^{n-k} \\
&= \lim_{n \to \infty} \frac{n(n-1)\cdots(n-k+1)}{k!} \cdot \frac{(\lambda t)^k}{n^k} \cdot \frac{(n-\lambda t)^{n-k}}{n^{n-k}} \\
&= \frac{(\lambda t)^k}{k!} \lim_{n \to \infty} \frac{n(n-1)\cdots(n-k+1)}{(n-\lambda t)^k} \cdot \frac{(n-\lambda t)^n}{n^n} \\
&= \frac{(\lambda t)^k}{k!} e^{-\lambda t}
\end{aligned}
$$

至此，得出最简单流是指在 t 时间内有 k 个顾客到达服务系统的概率 $p_k(t)$ 服从泊松分布，即

$$p_k(t) = \frac{(\lambda t)^k}{k!} e^{-\lambda t}, \ k = 0, \ 1, \ \cdots \tag{6.1}$$

2.2　负指数分布

当顾客是按泊松流到达，那么相继两个顾客到达的时间间隔是相互独立的，且服从负指数分布，这是因为：

令式(6.1)中的 $k = 0$，得到 t 时刻系统中没有顾客的概率为 $e^{-\lambda t}$，那么，在 $[0, t)$ 内，至少有一个顾客的概率为 $1 - e^{-\lambda t}$，即从无到有，为顾客到达的时间间隔，设为随机变量 T，则

$$P\{T \leqslant t\} = 1 - e^{-\lambda t},$$

即顾客相继到达的时间间隔 T 服从参数为 λ 的负指数分布

$$F(t) = \begin{cases} 1 - e^{-\lambda t}, & t \geqslant 0 \\ 0, & t < 0 \end{cases} \tag{6.2}$$

一般地，依次服务完毕离去的两个顾客的时间间隔也服从负指数分布，将分布函数中的参数设为 μ，则

$$F(t) = \begin{cases} 1 - e^{-\mu t}, & t \geqslant 0 \\ 0, & t < 0 \end{cases} \tag{6.3}$$

其中，μ 表示单位时间平均服务的顾客数，即服务速度，那么对每个顾客的平均服务时间为 $\dfrac{1}{\mu}$。

2.3　状态转移与平衡

1. 生灭过程

设系统的状态随机变量为 $N(t)$，对系统给定一种状态，记当前为 $N(t) = n$，到下一个生的时间间隔服从参数为 $\lambda_n(n = 1, 2, \cdots)$ 的负指数分布，到下一个灭的时间间隔服从参数为 $\mu_n(n = 1, 2, \cdots)$ 的负指数分布，且同一时刻发生两个及以上的生灭的概率极小，那么经过 Δt 时间，如果满足

$$\begin{cases} p_{n+1}(t + \Delta t) = \lambda_n \Delta t + o(\Delta t) \\ p_{n-1}(t + \Delta t) = \mu_n \Delta t + o(\Delta t) \\ p_k(t + \Delta t) = o(\Delta t), \quad k \neq n - 1, n, n + 1 \end{cases} \tag{6.4}$$

则称这个随机过程 $\{N(t) : t \geqslant 0\}$ 为生灭过程。把充分小的 Δt 固定，直接用参数 λ_n 和 μ_n 表示 $\lambda_n \Delta t$ 和 $\mu_n \Delta t$，生灭过程可以用状态转移图来描述"生""灭"导致状态转移的过程。如图 6.8 所示，图中箭头指明了各种系统状态发生转换的仅有可能性。

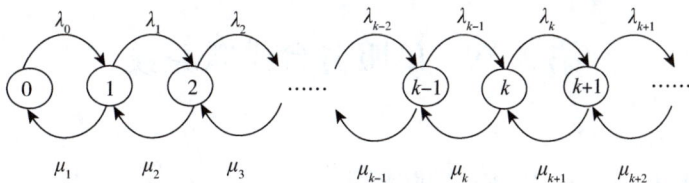

图 6.8　系统状态转移图

2. 状态转移方程

在 $[t, t + \Delta t]$ 这段时间，若系统在 $t + \Delta t$ 时刻处于 k 状态，则在初始 t 时刻的情况有

以下几种：

（1）系统在 t 时刻的状态为 k，发生的概率为 $1 - \lambda_k \Delta t - \mu_k \Delta t + o(\Delta t)$。

（2）系统在 t 时刻的状态为 $k - 1$，发生的概率为 $\lambda_{k-1} \Delta t + o(\Delta t)$。

（3）系统在 t 时刻的状态为 $k + 1$，发生的概率为 $\mu_{k+1} \Delta t + o(\Delta t)$。

式中的 $o(\Delta t)$ 表示在状态转移过程中，有两个及两个以上顾客同时进入或离开系统的概率极小。并且，在 Δt 内发生两次或两次以上状态转移几乎是不可能的，同样记为 $o(\Delta t)$。那么，

$$p_k(t + \Delta t) = (1 - \lambda_k \Delta t - \mu_k \Delta t)p_k(t) + \lambda_{k-1} \Delta t p_{k-1}(t) + \mu_{k+1} \Delta t p_{k+1}(t) + o(\Delta t)$$

移项整理

$$p_k(t + \Delta t) - p_k(t) = \lambda_{k-1} \Delta t p_{k-1}(t) - (\lambda_k + \mu_k) \Delta t p_k(t) + \mu_{k+1} \Delta t p_{k+1}(t) + o(\Delta t)$$

同除以 Δt

$$\frac{p_k(t + \Delta t) - p_k(t)}{\Delta t} = \lambda_{k-1} p_{k-1}(t) - (\lambda_k + \mu_k)p_k(t) + \mu_{k+1} p_{k+1}(t) + \frac{o(\Delta t)}{\Delta t}$$

令 $\Delta t \to 0$，取极限

$$\lim_{\Delta t \to 0} \frac{p_k(t + \Delta t) - p_k(t)}{\Delta t} = \lambda_{k-1} p_{k-1}(t) - (\lambda_k + \mu_k)p_k(t) + \mu_{k+1} p_{k+1}(t) + \lim_{\Delta t \to 0} \frac{o(\Delta t)}{\Delta t}$$

得到

$$p_k'(t) = \lambda_{k-1} p_{k-1}(t) - (\lambda_k + \mu_k)p_k(t) + \mu_{k+1} p_{k+1}(t) \tag{6.5}$$

这就是所求的状态转移方程。

3. 状态平衡

要求出系统瞬时状态 $N(t)$ 的概率分布是很困难的，因此从一个从较长时间来考虑，当系统稳定时，系统中有 k 个顾客的概率 $p_k(t)$ 实际上与 t 无关，即流的平稳性。所以，式 (6.5) 可以写成

$$\lambda_{k-1} p_{k-1}(t) - (\lambda_k + \mu_k)p_k(t) + \mu_{k+1} p_{k+1}(t) = 0 \tag{6.6}$$

由于 $p_k(t)$ 与 t 无关，改写为 p_k，再把 k 依次取 0，1，$\cdots$，就可以得到不同状态下系统的平衡方程。即

$$-\lambda_0 p_0 + \mu_1 p_1 = 0$$
$$\lambda_0 p_0 - (\lambda_1 + \mu_1)p_1 + \mu_2 p_2 = 0$$
$$\cdots$$

对照状态转移图，可以从中找出一些规律。

第 3 节　单服务台排队系统

3.1　$M/M/1/\infty/\infty/FCFS$ 排队模型

这个模型是排队论的标准系统。系统假设为：

（1）顾客以泊松流输入，参数为 λ，即对所有 n，$\lambda_n = \lambda$。

（2）服务时间服从负指数分布，参数为 μ，即对所有 n，$\mu_n = \mu$。

（3）单服务台，顾客源无限，队长不限，先到先服务。

1. 模型建立与求解

系统状态有无限个，如图 6.9 所示。

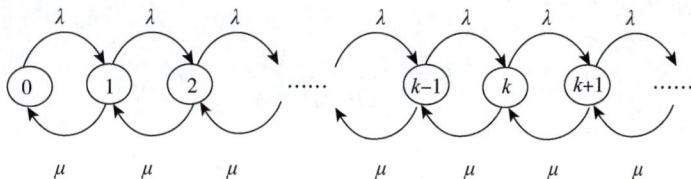

图 6.9　状态转移图

根据状态转移图，列出状态平衡方程。

$$\begin{cases} -\lambda p_0 + \mu p_1 = 0 \\ \lambda p_0 - (\lambda + \mu)p_1 + \mu p_2 = 0 \\ \cdots \\ \lambda p_{k-1} - (\lambda + \mu)p_k + \mu p_{k+1} = 0 \\ \cdots \end{cases} \tag{6.7}$$

从第一个方程中解出 $p_1 = \dfrac{\lambda}{\mu} p_0$，代入第二个方程中，解得 $p_2 = \left(\dfrac{\lambda}{\mu}\right)^2 p_0$，以此类推，得到

$$p_k = \left(\frac{\lambda}{\mu}\right)^k p_0 \tag{6.8}$$

记 $\dfrac{\lambda}{\mu} = \rho$，称为"系统服务率"或"服务强度"，表示顾客的平均服务时间和顾客达到平均间隔时间之比，它是衡量系统工作强度的一个指标，ρ 越接近 1，说明系统的服务强度越高，服务机构越繁忙。再根据流的有限性，由 $\sum\limits_{k=0}^{+\infty} p_k(t) = 1$，得

$$p_0 + \frac{\lambda}{\mu} p_0 + \left(\frac{\lambda}{\mu}\right)^2 p_0 + \cdots + \left(\frac{\lambda}{\mu}\right)^k p_0 + \cdots = 1$$

即 $p_0(1 + \rho + \rho^2 + \cdots + \rho^k + \cdots) = 1$，当 $\rho < 1$ 时，有

$$p_0 = \frac{1}{\sum\limits_{k=0}^{\infty} \rho^k} = \frac{1}{\dfrac{1}{1-\rho}} = 1 - \rho \tag{6.9}$$

因此，系统稳态概率为 $p_k = \rho^k(1 - \rho)$，$k = 0, 1, \cdots$。

2. 系统运行指标

（1）队长。

$$\begin{aligned} L &= \sum_{k=0}^{\infty} k p_k \\ &= 0 \cdot p_0 + 1 \cdot p_1 + 2 \cdot p_2 + \cdots + k \cdot p_k + \cdots \\ &= (\rho + 2\rho^2 + \cdots + k\rho^k + \cdots)(1 - \rho) \\ &= (\rho + 2\rho^2 + \cdots + k\rho^k + \cdots) - (\rho^2 + 2\rho^3 + \cdots + k\rho^{k+1} + \cdots) \end{aligned}$$

$$= \rho + \rho^2 + \cdots + \rho^k + \cdots$$

$$= \frac{\rho}{1 - \rho}$$

即系统中顾客的平均值

$$L = \frac{\rho}{1 - \rho} = \frac{\lambda}{\mu - \lambda} \tag{6.10}$$

（2）排队长。

$$L_q = \sum_{k=1}^{\infty} (k - 1) p_k$$

$$= \sum_{k=1}^{\infty} k p_k - \sum_{k=1}^{\infty} p_k$$

$$= L - (1 - p_0)$$

$$= L - \rho$$

即系统中排队等待的顾客平均值

$$L_q = L - \rho = \frac{\rho^2}{1 - \rho} = \frac{\lambda^2}{\mu(\mu - \lambda)} = \rho L \tag{6.11}$$

（3）等待时间。

$$W_q = L_q \cdot \frac{1}{\lambda} = \frac{\lambda}{\mu(\mu - \lambda)} \tag{6.12}$$

（4）逗留时间。

$$W = W_q + \frac{1}{\mu} = \frac{1}{\mu - \lambda} \tag{6.13}$$

例 6.1 汽车平均以每 5 分钟 1 辆的到达率去某加油站加油。到达过程为泊松流，该加油站只有 1 台加油设备，加油时间服从负指数分布，且平均需要 4 分钟。求：

（1）加油站内平均汽车数。

（2）等待加油的平均汽车数。

（3）每辆汽车平均逗留时间。

（4）每辆汽车平均等待时间。

解 此为 $M/M/1$ 模型，已知

$$\lambda = \frac{1}{5} = 0.2（辆/分钟），\mu = \frac{1}{4} = 0.25（辆/分钟），\rho = \frac{\lambda}{\mu} = 0.8$$

（1）加油站内平均汽车数

$$L = \frac{\lambda}{\mu - \lambda} = \frac{0.2}{0.25 - 0.2} = 4（辆）$$

（2）等待加油的平均汽车数

$$L_q = L - \rho = 4 - 0.8 = 3.2（辆）$$

（3）每辆汽车平均逗留时间

$$W = \frac{1}{\mu - \lambda} = \frac{1}{0.25 - 0.2} = 20（分钟）$$

（4）每辆汽车平均等待时间

$$W_q = \frac{\lambda}{\mu(\mu - \lambda)} = \frac{0.2}{0.25(0.25 - 0.2)} = 16（分钟）$$

3.2　$M/M/1/N/\infty/FCFS$ 排队模型

系统容量有限的排队模型，基本假设与 3.1 中的(1)(2)相同，系统内只允许有 N 个顾客。

1. 模型建立与求解

模型的状态转移图如图 6.10 所示。

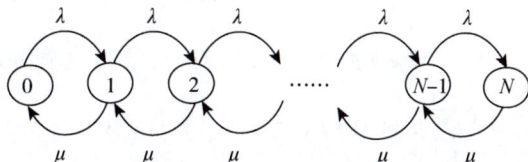

图 6.10　模型的状态转移图

列出状态平衡方程

$$\begin{cases} -\lambda p_0 + \mu p_1 = 0 \\ \lambda p_0 - (\lambda + \mu)p_1 + \mu p_2 = 0 \\ \cdots \\ \lambda p_{N-2} - (\lambda + \mu)p_{N-1} + \mu p_N = 0 \\ \lambda p_{N-1} - \mu p_N = 0 \end{cases} \tag{6.14}$$

从状态平衡方程可以解出

$$p_k = \left(\frac{\lambda}{\mu}\right)^k p_0 = \rho^k p_0 \tag{6.15}$$

而 $\sum\limits_{k=0}^{N} p_k(t) = 1$，所以 $p_0(1 + \rho + \rho^2 + \cdots + \rho^N) = 1$。

当 $\rho \neq 1$ 时，$p_0 = \dfrac{1}{1 + \rho + \rho^2 + \cdots + \rho^N} = \dfrac{1 - \rho}{1 - \rho^{N+1}}$；

当 $\rho = 1$ 时，$p_0 = \dfrac{1}{N+1}$。

2. 系统运行指标

（1）队长。

当 $\rho \neq 1$ 时，

$$\begin{aligned} L &= \sum_{k=0}^{N} k p_k \\ &= 0 \cdot p_0 + 1 \cdot p_1 + 2 \cdot p_2 + \cdots + N \cdot p_N \\ &= (\rho + 2\rho^2 + \cdots + N\rho^N) \frac{1 - \rho}{1 - \rho^{N+1}} \\ &= \left[(\rho + 2\rho^2 + \cdots + N\rho^N) - (\rho^2 + 2\rho^3 + \cdots + N\rho^{N+1}) \right] \frac{1}{1 - \rho^{N+1}} \end{aligned}$$

$$= \frac{\rho}{1 - \rho} - \frac{(N + 1)\rho^{N+1}}{1 - \rho^{N+1}}$$

当 $\rho = 1$ 时，$L = \frac{N}{2}$。

即系统中顾客的平均值

$$L = \begin{cases} \dfrac{\rho}{1 - \rho} - \dfrac{(N + 1)\rho^{N+1}}{1 - \rho^{N+1}}, & \rho \neq 1 \\[3mm] \dfrac{N}{2}, & \rho = 1 \end{cases} \tag{6.16}$$

（2）有效到达率。

非无限等待制系统涉及一个有效到达的问题，记有效到达率为 λ_e，那么

$$\lambda_e = \lambda \sum_{k=0}^{N-1} p_k + 0 \cdot p_N = \lambda(1 - p_N) = \mu(1 - p_0) \tag{6.17}$$

（3）李特(John D. C. Little)公式。

对于 λ_e，L，L_q，W，W_q 这五个量的关系，李特建立了相关的关系式。当系统达到稳态时，有

$$L = \lambda_e W \tag{6.18}$$

$$L_q = \lambda_e W_q \tag{6.19}$$

式(6.18)可以理解为：稳态时，顾客进入系统后，每单位时间平均到达 λ_e 个顾客，平均队长 L 由时间段内 W 个 λ_e 个顾客组成，即 $L = \lambda_e W$。同理有式(6.19)。将式(6.18)和式(6.19)代入式(6.13)，可得到

$$L = L_q + \frac{\lambda_e}{\mu} \tag{6.20}$$

至此，只要已知 λ_e 和 L，L_q，W，W_q 四者之一，其余三个就可由李特公式求出。

（4）其他参数。

由式(6.16)和李特公式有

$$L_q = L - \frac{\lambda_e}{\mu} = L - \frac{\lambda(1 - p_N)}{\mu} \tag{6.21}$$

$$W = \frac{L}{\lambda_e} = \frac{L}{\lambda(1 - p_N)} \tag{6.22}$$

$$W_q = \frac{L_q}{\lambda_e} = \frac{L}{\lambda(1 - p_N)} - \frac{1}{\mu} \tag{6.23}$$

例 6.2 某理发店只有一个理发师，且店里最多可容纳 4 名顾客，设顾客按泊松流到达，平均每小时 5 人，理发时间服从负指数分布，平均每 15 分钟可为 1 名顾客理发，求系统的相关指标。

解 该模型为 $M/M/1/4/\infty$ 排队系统，其中

$$\lambda = 5 （人/小时），\mu = \frac{60}{15} = 4 （人/小时），\rho = \frac{\lambda}{\mu} = 1.25，N = 4$$

系统中没有顾客的概率为

$$p_0 = \frac{1 - \rho}{1 - \rho^{N+1}} = \frac{1 - 1.25}{1 - 1.25^5} = 0.122$$

系统满员的概率为

$$p_4 = \frac{1 - \rho}{1 - \rho^{N+1}} \rho^4 = 0.122 \times 1.25^4 = 0.298$$

有效到达率为

$$\lambda_e = \lambda(1 - p_N) = 5 \times (1 - 0.298) = 3.51 \, (\text{人/小时})$$

理发店内平均的顾客数为

$$L = \frac{\rho}{1 - \rho} - \frac{(N + 1)\rho^{N+1}}{1 - \rho^{N+1}} = \frac{1.25}{1 - 1.25} - \frac{5 \times 1.25^5}{1 - 1.25^5} = 2.44 \, (\text{人})$$

排队等待理发的顾客数为

$$L_q = L - \frac{\lambda_e}{\mu} = 2.44 - \frac{3.51}{4} = 1.56 \, (\text{人})$$

顾客在理发店内平均等待时间为

$$W_q = \frac{L_q}{\lambda_e} = \frac{1.56}{3.51} = 0.444 \, (\text{小时})$$

顾客在理发店内平均逗留时间为

$$W = \frac{L}{\lambda_e} = \frac{2.44}{3.51} = 0.695 \, (\text{小时})$$

3.3 $M/M/1/m/m/FCFS$ 排队模型

该模型属于顾客源有限的排队系统，基本假设与前两种一致，顾客总体数为 m，系统容量为 m。

1. 模型建立与求解

模型的状态转移图如图 6.11 所示。

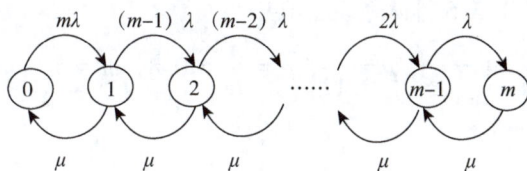

图 6.11 模型的状态转移图

列出状态平衡方程

$$\begin{cases} -m\lambda p_0 + \mu p_1 = 0 \\ m\lambda p_0 - [(m-1)\lambda + \mu]p_1 + \mu p_2 = 0 \\ \cdots \\ 2\lambda p_{m-2} - (\lambda + \mu)p_{m-1} + \mu p_m = 0 \\ \lambda p_{m-1} - \mu p_m = 0 \end{cases} \tag{6.24}$$

从状态平衡方程可以解出

$$p_k = \frac{m!}{(m-k)!} \left(\frac{\lambda}{\mu}\right)^k p_0 \tag{6.25}$$

再由 $\sum\limits_{k=0}^{m} p_k(t) = 1$，得出 $p_0 = \dfrac{1}{\sum\limits_{k=0}^{m} \dfrac{m!}{(m-k)!}\left(\dfrac{\lambda}{\mu}\right)^k}$。

2. 系统运行指标

（1）有效到达率。

顾客总量为 m，系统内有 L，系统外有 $m-L$，因此有效到达率为

$$\lambda_e = \lambda(m-L) \tag{6.26}$$

（2）其他指标。

由式（6.17）中 $\lambda_e = \mu(1-p_0)$，结合式（6.26）可以解出

$$L = m - \frac{\mu}{\lambda}(1-p_0) \tag{6.27}$$

$$L_q = m - \frac{(\lambda+\mu)}{\lambda}(1-p_0) = L - (1-p_0) \tag{6.28}$$

$$W = \frac{L}{\lambda_e} = \frac{m}{\mu(1-p_0)} - \frac{1}{\lambda} \tag{6.29}$$

$$W_q = \frac{L_q}{\lambda_e} = W - \frac{1}{\mu} \tag{6.30}$$

例 6.3　某车间有 5 台机器，每台机器的连续运转时间服从负指数分布，平均连续运转时间为 15 分钟，有一个修理工，每次修理时间服从负指数分布，平均每次为 12 分钟，求：

（1）修理工空闲的概率。

（2）5 台机器都出故障的概率。

（3）出故障的平均台数。

（4）等待修理的平均台数。

（5）平均停工时间。

（6）平均等待修理时间。

解　模型属于 $M/M/1/5/5$ 排队系统，其中

$$\lambda = \frac{1}{15},\ \mu = \frac{1}{12},\ \rho = \frac{\lambda}{\mu} = 0.8,\ m = 5$$

（1）修理工空闲的概率

$$p_0 = \frac{1}{\sum\limits_{k=0}^{5} \dfrac{5!}{(5-k)!}(0.8)^k}$$

$$= \left[\frac{5!}{5!}(0.8)^0 + \frac{5!}{4!}(0.8)^1 + \frac{5!}{3!}(0.8)^2 + \frac{5!}{2!}(0.8)^3 + \frac{5!}{1!}(0.8)^4 + \frac{5!}{0!}(0.8)^5\right]^{-1}$$

$$= 0.0073$$

（2）5 台机器都出故障的概率

$$p_5 = \frac{m!}{(m-5)!}\left(\frac{\lambda}{\mu}\right)^5 p_0 = \frac{5!}{0!}(0.8)^5 \times 0.0073 = 0.287$$

（3）出故障的平均台数

$$L = m - \frac{\mu}{\lambda}(1-p_0) = 5 - \frac{1}{0.8}(1-0.0073) = 3.76\ (\text{台})$$

（4）等待修理的平均台数
$$L_q = L - (1 - p_0) = 3.76 - (1 - 0.007\ 3) = 2.77 \text{（台）}$$

（5）平均停工时间
$$W = \frac{m}{\mu(1 - p_0)} - \frac{1}{\lambda} = \frac{5}{\frac{1}{12}(1 - 0.007\ 3)} - 15 = 46 \text{（分钟）}$$

（6）平均等待修理时间
$$W_q = W - \frac{1}{\mu} = 46 - 12 = 34 \text{（分钟）}$$

第 4 节　多服务台排队系统

前面介绍的只是众多单服务台排队系统中较为简单的几种形式，对多服务台排队系统来说也是一样，包含损失制、等待制和混合制模型。这里重点讨论等待制模型，现实中银行、医院门诊、电信营业厅等机构，常采用这类排队形式。

4.1　$M/M/c/\infty/\infty/FCFS$ 排队模型

排队系统中有 c 个独立并联的服务台，当顾客到达时，若有空闲的服务台便立即接受服务；若没有空闲的服务台，则排队等待，直到有空闲的服务台时再接受服务。模型假设为：

（1）顾客以泊松流输入，参数为 λ。

（2）服务时间服从负指数分布，参数为 μ。

（3）服务台 c 个，顾客源无限，队长不限，先到先服务。

1. 模型建立与求解

模型的状态转移图如图 6.12 所示。

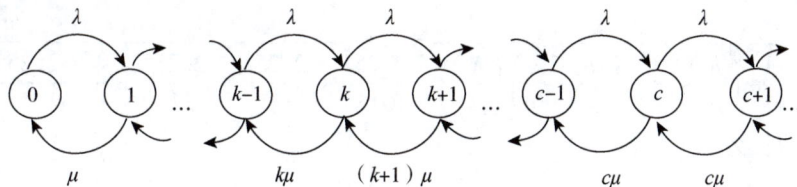

图 6.12　模型的状态转移图

显然系统要求 $\lambda < c\mu$，即 $\rho = \dfrac{\lambda}{c\mu} < 1$，列出状态平衡方程

$$\begin{cases}
-\lambda p_0 + \mu p_1 = 0 \\
\lambda p_0 - (\lambda + \mu)p_1 + 2\mu p_2 = 0 \\
\cdots \\
\lambda p_{k-1} - (\lambda + k\mu)p_k + (k+1)\mu p_{k+1} = 0 \\
\cdots \\
\lambda p_{c-1} - (\lambda + c\mu)p_c + c\mu p_{c+1} = 0 \\
\cdots
\end{cases} \tag{6.31}$$

从状态平衡方程解出稳态概率

$$p_0 = \cfrac{1}{\sum\limits_{k=0}^{c-1} \frac{1}{k!}\left(\frac{\lambda}{\mu}\right)^k + \frac{1}{c!}\left(\frac{1}{1-\rho}\right)\left(\frac{\lambda}{\mu}\right)^c}$$

$$p_k = \begin{cases} \frac{1}{k!}\left(\frac{\lambda}{\mu}\right)^k p_0, & 1 \leq k \leq c \\ \frac{1}{c!}\frac{1}{c^{k-c}}\left(\frac{\lambda}{\mu}\right)^k p_0, & k > c \end{cases} \tag{6.32}$$

2. 系统运行指标

$$L_q = \frac{(c\rho)^c \rho}{c!\,(1-\rho)^2}p_0 \tag{6.33}$$

$$L = L_q + \frac{\lambda}{\mu} \tag{6.34}$$

$$W_q = \frac{L_q}{\lambda} \tag{6.35}$$

$$W = \frac{L}{\lambda} \tag{6.36}$$

例 6.4 某闸机有 3 个通行通道，顾客的到达服从泊松分布，平均到达率为 0.9 人/分钟，服务时间服从负指数分布，平均服务率 0.4 人/分钟。现顾客到达后排成一队，依次向空闲通道通行，计算系统主要运行参数。

解 模型属于 $M/M/3$ 排队系统，其中

$$\lambda = 0.9, \ \mu = 0.4, \ c = 3, \ \rho = \frac{\lambda}{c\mu} = \frac{3}{4}$$

系统空闲的概率为

$$p_0 = \cfrac{1}{\sum\limits_{k=0}^{2} \frac{1}{k!}\left(\frac{\lambda}{\mu}\right)^k + \frac{1}{3!}\left(\frac{1}{1-\rho}\right)\left(\frac{\lambda}{\mu}\right)^3} = \cfrac{1}{\frac{2.25^0}{0!} + \frac{2.25^1}{1!} + \frac{2.25^2}{2!} + \frac{4 \times 2.25^3}{3!}} = 0.074\,8$$

系统排队长为

$$L_q = \frac{(c\rho)^c \rho}{c!\,(1-\rho)^2}p_0 = \frac{(3 \times 0.75)^3 \times 0.75}{3\,(1-0.75)^2} \times 0.074\,8 = 1.7\ (\text{人})$$

系统队长为

$$L = L_q + \frac{\lambda}{\mu} = 1.7 + 2.25 = 3.95\ (\text{人})$$

系统平均等待时间为

$$W_q = \frac{L_q}{\lambda} = \frac{1.7}{0.9} = 1.89\ (\text{分钟})$$

系统平均逗留时间为

$$W = \frac{L}{\lambda} = \frac{3.95}{0.9} = 4.39\ (\text{分钟})$$

4.2　$M/M/c/N/\infty/\text{FCFS}$ 排队模型

该模型与"$M/M/c/\infty/\infty/\text{FCFS}$ 排队模型"类似，区别在于系统只有 N 个位置，当顾客数多于 N 个时就自动离开。

1. 模型建立与求解

模型的状态转移图如图 6.13 所示。

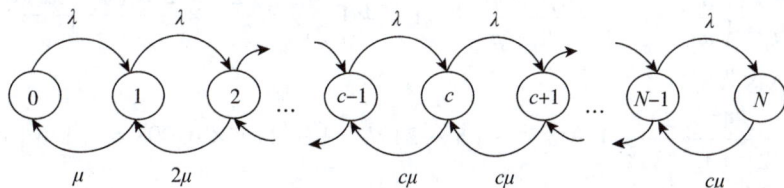

图 6.13　模型的状态转移图

同样有 $\rho = \dfrac{\lambda}{c\mu} < 1$，列出状态平衡方程

$$\begin{cases} -\lambda p_0 + \mu p_1 = 0 \\ \lambda p_0 - (\lambda + \mu)p_1 + 2\mu p_2 = 0 \\ \cdots \\ \lambda p_{c-1} - (\lambda + c\mu)p_c + c\mu p_{c+1} = 0 \\ \cdots \\ \lambda p_{N-1} - c\mu p_N = 0 \end{cases} \tag{6.37}$$

从状态平衡方程解出稳态概率

$$p_0 = \dfrac{1}{\displaystyle\sum_{k=0}^{c} \dfrac{1}{k!}\left(\dfrac{\lambda}{\mu}\right)^k + \dfrac{c^c}{c!}\dfrac{\rho(\rho^c - \rho^N)}{1-\rho}}$$

$$p_k = \begin{cases} \dfrac{1}{k!}\left(\dfrac{\lambda}{\mu}\right)^k p_0, \ 1 \leqslant k \leqslant c \\ \dfrac{1}{c!\ c^{k-c}}\left(\dfrac{\lambda}{\mu}\right)^k p_0, \ c < k \leqslant N \end{cases} \tag{6.38}$$

2. 系统运行指标

$$L_q = \dfrac{(c\rho)^c \rho}{c!\ (1-\rho)^2}\big[\, 1 - \rho^{N-c} - (N-c)\rho^{N-c}(1-\rho)\,\big]p_0 \tag{6.39}$$

$$L = L_q + c\rho(1 - p_N) \tag{6.40}$$

$$W_q = \dfrac{L_q}{\lambda_e} = \dfrac{L_q}{\lambda(1 - p_N)} \tag{6.41}$$

$$W = W_q + \dfrac{1}{\mu} \tag{6.42}$$

例 6.5　加油站有 2 台加油泵，需加油的车辆按泊松流来到加油站。平均每分钟来 2 辆，加油时间服从负指数分布。平均每辆加油时间为 2 分钟，加油站上最多容纳 3 辆汽

车等待加油，后来的车辆容纳不下时自动离去，另求服务。计算系统主要运行参数。

解 模型属于 $M/M/2/3$ 排队系统，其中

$$\lambda = 2，\mu = \frac{1}{2}，c = 2，N = 2 + 3 = 5，\rho = \frac{\lambda}{c\mu} = 2$$

系统空闲的概率为

$$p_0 = \frac{1}{\sum_{k=0}^{2} \frac{1}{k!} \left(\frac{\lambda}{\mu}\right)^k + \frac{2^2}{2!} \frac{\rho(\rho^2 - \rho^5)}{1 - \rho}} = \frac{1}{1 + 4 + \frac{4^2}{2!} + \frac{2^2}{2!} \times \frac{2 \times (4 - 32)}{1 - 2}} = 0.008$$

系统排队长为

$$L_q = \frac{4^2 \times 2}{2! \ (1 - 2)^2} \left[1 - 2^{5-2} - (5 - 2)2^{5-2}(1 - 2) \right] \times 0.008 = 2.176（辆）$$

系统队长为

$$L = L_q + c\rho(1 - p_N) = 2.176 + 4 \times \left(1 - \frac{c^c \rho^N}{c!} p_0 \right) = 4.128（辆）$$

系统平均等待时间为

$$W_q = \frac{L_q}{\lambda(1 - p_N)} = \frac{2.176}{2 \times (1 - 0.512)} = 2.23（分钟）$$

系统平均逗留时间为

$$W = W_q + \frac{1}{\mu} = 2.23 + 2 = 4.23（分钟）$$

4.3 $M/M/c/m/m/$FCFS 排队模型

该模型与"$M/M/1/m/m/$FCFS 排队模型"均属于顾客源有限的排队系统，有 c 个服务台，顾客总体数为 m，系统容量为 m。

1. 模型建立与求解

模型的状态转移图如图 6.14 所示。

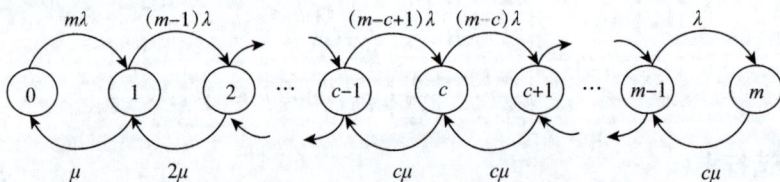

图 6.14　模型的状态转移图

列出状态平衡方程

$$\begin{cases} - m\lambda p_0 + \mu p_1 = 0 \\ m\lambda p_0 - [(m - 1)\lambda + \mu]p_1 + 2\mu p_2 = 0 \\ \cdots \\ (m - c + 1)\lambda p_{c-1} - [(m - c)\lambda + c\mu)p_c + c\mu p_{c+1} = 0 \\ \cdots \\ \lambda p_{m-1} - c\mu p_m = 0 \end{cases} \tag{6.43}$$

从状态平衡方程解出稳态概率

$$p_0 = \frac{1}{m!}\left[\sum_{k=0}^{c}\frac{1}{k!\ (m-k)!}\left(\frac{\lambda}{\mu}\right)^k + \sum_{k=c+1}^{m}\frac{c^c}{c!\ (m-k)!}\left(\frac{\lambda}{c\mu}\right)^k\right]^{-1}$$

$$p_k = \begin{cases} \dfrac{m!}{(m-k)!\ k!}\left(\dfrac{\lambda}{\mu}\right)^k p_0,\ 1 \leqslant k \leqslant c \\[3mm] \dfrac{m!}{c!\ (m-k)!\ c^{k-c}}\left(\dfrac{\lambda}{\mu}\right)^k p_0,\ c+1 \leqslant k \leqslant m \end{cases} \tag{6.44}$$

2. 系统运行指标

$$L = \sum_{k=1}^{m} k \cdot p_k \tag{6.45}$$

$$L_q = \sum_{k=c+1}^{m}(k-c)\cdot p_k \tag{6.46}$$

$$W = \frac{L}{\lambda_e} = \frac{L}{\lambda(m-L)} \tag{6.47}$$

$$W_q = \frac{L_q}{\lambda_e} = \frac{L_q}{\lambda(m-L)} \tag{6.48}$$

例 6.6 设有两个维修工人负责 5 台机器的正常运行，每台机器平均损坏率为每小时 1 次，两个工人能以相同的平均修复率 4 次/小时修好机器，计算系统主要运行参数。

解 模型属于 $M/M/2/5/5$ 排队系统，其中

$$\lambda = 1,\ \mu = 4,\ c = 2,\ m = 5$$

依次计算系统稳态概率

$$p_0 = \frac{1}{5!}\left[\sum_{k=0}^{2}\frac{1}{k!\ (5-k)!}\left(\frac{\lambda}{\mu}\right)^k + \sum_{k=3}^{5}\frac{2^2}{2!\ (5-k)!}\left(\frac{\lambda}{c\mu}\right)^k\right]^{-1} = 0.315$$

$$p_1 = 0.394,\ p_2 = 0.197,\ p_3 = 0.074,\ p_4 = 0.018,\ p_5 = 0.002$$

系统队长为

$$L = \sum_{k=1}^{5} k \cdot p_k = p_1 + 2p_2 + 3p_3 + 4p_4 + 5p_5 = 1.092\ (台)$$

系统排队长为

$$L_q = \sum_{k=3}^{5}(k-2)\cdot p_k = p_3 + 2p_4 + 3p_5 = 0.116\ (台)$$

系统平均等待时间为

$$W_q = \frac{L_q}{\lambda_e} = \frac{L_q}{\lambda(m-L)} = \frac{0.116}{5-1.092} = 0.03\ (小时)$$

系统平均逗留时间为

$$W = W_q + \frac{1}{\mu} = 0.03 + 0.25 = 0.28\ (小时)$$

习　题

6.1　排队系统的构成要素有哪几部分？简述各部分内容。

6.2　排队系统的分类有哪些？

6.3　顾客按泊松分布到达某理发店，平均间隔 20 分钟，理发时间为负指数分布，平均每人 15 分钟，试求：

(1)顾客不必等待的概率。

(2)四项主要工作指标。

(3)若顾客在店内耗时超过 1.25 小时，则理发师的徒弟也参与理发，问平均到达率提高到多少，徒弟才会参与？

(4)若希望 95% 以上的顾客都有座位，则至少应准备多少把椅子？

6.4　某机关接待室有一位对外接待人员，由于接待室室内面积有限，只能安排 3 个座位供来访人员等候，一旦坐满，后来者将不再进入等候。若来访人员按泊松流到达，则平均时间间隔为 80 分钟，接待时间服从负指数分布，平均接待时间为 50 分钟。求任一位来访人员的平均等待时间。

6.5　某储蓄所有 2 个储蓄柜台，顾客平均到达率为每小时 14 人，每个柜台的平均服务率为每小时 10 人，已知顾客到达为泊松流，服务时间服从负指数分布，顾客到达后排成一队，依次向空闲窗口移动，求系统运行指标。

6.6　有 2 名维修工负责维修 6 台机器，每台机器正常运转的时间服从负指数分布，平均为 1 小时，每台机器修理时间服从负指数分布，平均为 15 分钟。试求：

(1)需要修理机器的平均数。

(2)等待修理机器的平均数。

(3)每台机器的平均停工时间。

6.7　某消防大队由 3 个消防中队组成，每一个消防中队在某一时刻只能执行一处消防任务。据火警统计资料可知，火警为泊松流，平均每天报警 3 次，消防时间为负指数分布，平均一天完成 1 次消防任务。试求：

(1)报警而无中队可派往的概率。

(2)每天执行消防任务的中队平均数。

(3)若要求(1)中的概率小于 3%，应配备多少中队？

6.8　某机关文书室有 3 个打字员，每名打字员每小时能打 6 份普通公文，公文平均到达率为 15 份/小时，假设该室为 $M/M/c/\infty$ 系统。

(1)求 3 名打字员都忙于打字的概率及该室主要工作指标。

(2)若 3 名打字员分工包打不同科室的公文，每名打字员平均每小时都接到 5 份公文，计算此情况下该室的各项工作指标。

(3)对比前面两种结果，得到什么结论？

第7章　决策论

决策是指为最优地达到目标，依据一定准则，对若干备选行动的方案进行抉择。随着科学技术的发展，生产规模和人类社会活动的扩大，要求用科学的决策替代经验决策。即实行科学的决策程序，采用科学的决策技术和具有科学的思维方法。决策过程一般是指形成决策问题，包括提出方案、确定目标及效果的度量；确定各方案对应结局及出现的概率；确定决策者对不同结局的效用值；综合评价，决定决策的取舍。决策论是对整个决策过程中涉及方案目标选取、度量、概率值确定、效用值计算，一直到最优方案和策略选取的有关科学理论。

决策在管理活动中具有十分重要的地位。1978 年，诺贝尔经济学奖获得者赫伯特·A. 西蒙（Herbert A. Simon）认为：决策是管理的中心，贯穿于管理的全过程，所以可以说"决策就是管理"，也可以说"管理就是决策"。朴素的决策思想自古就有，但在落后的生产方式和技术条件下，决策主要凭借个人的智慧和经验，随着生产和科学技术的发展，对决策问题的分析形成了一套科学的方法和程序。

由于人的社会活动是多方面、多领域、多层次的，因而，有关的决策问题和决策活动也是多方面、多领域、多层次的。无论是政治、经济、军事、文化、教育，还是工程技术、经济管理、交通运输等各个领域都存在着大量的决策问题。

第1节　决策论的基本概念

1.1　决策的要素

决策要素包括决策者、方案、自然状态和损益值。

1. 决策者

决策者指的是决策过程的主体，即决策人，一般来说，决策者代表着某一方的利益。决策的正确与否受决策者所处的社会、政治、经济、文化等环境以及决策者个人素质的影响。正确的决策需要科学的决策程序，需要集体的智慧。

2. 方案

方案是为实现既定目标而采取的一系列活动和措施。方案可以是有限的，也可以是无限的。在现实生活中选择方案时，要考虑其技术、经济等的可行性，一般是有限的。

3. 自然状态

自然状态是指决策者会遇到的不受决策者个人意志控制的客观状况，如战争、天灾等，决策时要进行预先估计。

4. 损益值

每一个可行方案在每一个客观情况下可能产生的后果，称为损益值。对应于 n 种自然状态和 m 个方案，便可得到一个 m 行 n 列的矩阵，称为损益矩阵。

自然状态、损益值、方案三者的对应关系如表 7.1 所示。

表 7.1 自然状态、损益值、方案三者的对应关系

项目	状态 1	状态 2	...	状态 n
方案 1	a_{11}	a_{12}	...	a_{1n}
方案 2	a_{21}	a_{22}	...	a_{2n}
⋮	⋮	⋮		⋮
方案 m	a_{m1}	a_{m2}	...	a_{mn}

1.2 决策的分类

由于事物发展变化的复杂性，要分析、解决的问题也有多种类型，从不同的角度分析决策问题，可以得出不同的决策分类。

(1)按决策环境可将决策问题分为确定型、风险型和不确定型三种。

确定型决策是指决策环境是完全确定的，做出的选择结果也是确定的。风险型决策是指决策的环境不是完全确定的，而其发生的概率是已知的。不确定型决策是指决策者对将发生结果的概率一无所知，只能凭决策者的主观倾向进行决策。

(2)按决策过程的连续性可分为单项决策和序贯决策。

单项决策是指整个决策过程只做一次决策就能得到结果。序贯决策是指整个决策过程由一系列决策组成。一般来讲，物流管理活动是由一系列决策组成的，但往往可把这一系列决策中的几个关键决策环节分别看成单项决策。

(3)按定量和定性分类可分为定量决策和定性决策。

描述决策对象的指标可以量化时用定量决策，否则只能用定性决策，总的趋势是尽可能地把决策问题量化。

(4)按决策的结构可将其分为程序化决策和非程序化决策。

程序化决策是指针对经常出现的问题，可以按照现有的经验、方法和步骤进行的决策，如订单标价、核定工资、生产调度等。非程序化决策是指针对临时或偶尔出现的问题，必须采取新的方法和步骤进行的决策，如开辟新市场、作战指挥决策等。

(5)按性质的重要性可将决策分为战略决策、策略决策和执行决策。

战略决策是与企业发展和生存有关的全局性、长远性问题的决策，如厂址的选择、新产品和新市场的开发等。策略决策是为完成战略决策所规定的目标而进行的决策，如企业的产品规格选择、工艺方案和设备的选择等。执行决策是根据策略决策的要求对执行方案的选择，如生产标准选择、生产调度、人员和财力配备等。

1.3 决策的基本步骤

决策过程就是实施决策的步骤，一般包括四个步骤，如图 7.1 所示。

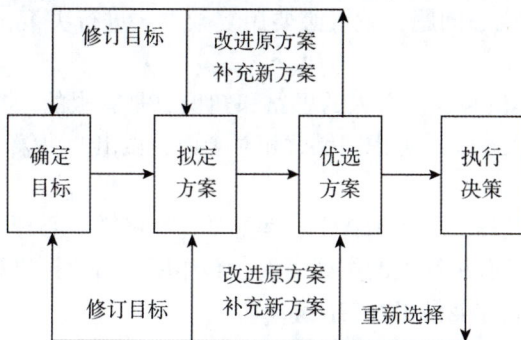

图 7.1 决策的基本步骤

（1）确定目标。

在重大事件的决策过程中，首先要确定目标。决策目标一定要具体、明确，避免抽象、含糊。如果决策的目标不止一个，则应分清主次，优先实现主要目标。

（2）拟定方案。

决策工作的中心任务就是根据决策目标，通过各种调查研究和综合分析，产生多个可供选择的决策方案。可行方案即指技术上先进、经济上合理的方案。

（3）优选方案。

首先，由专业技术人员运用运筹学、数理统计等方法进行定量分析比较，找出初步的"最优方案"；其次，由业务主管部门组织方案论证；最后，由决策领导者对经过论证的方案进行最后抉择，决定是否采纳。

（4）执行决策。

决策形成以后，由职能部门编制计划、自制实施。

决策并不是一次就能够完成的，应该反复修正，直到各方面都尽可能地达到满意为止。此外，决策方案也不是一成不变的，需要在实施过程中根据实际情况不断进行调整和完善。

1.4 决策中的几个问题

（1）决策必须有资源做保证，要考虑到人力、资金、设备、动力、原材料、技术、时间、市场管理能力等方面的条件，只有这些条件得到满足，决策才有实现的可能。

（2）一个好的决策必须有应付变化的能力。客观情况总是变化的，经济管理决策面对的是环境多变的可能性。决策者不仅要认识到这种可能性，而且要事先考虑一些应变措施，使决策具有一定的弹性，留有回旋的余地。

（3）应充分考虑到决策所面临的风险。不冒任何风险的决策客观上是不存在的。决策总面临未来，而未来总是带有不确定性，因此决策多少需要冒一定的风险。有时获得大成就的决策，往往要冒较大的风险。所以对于决策者来说，问题不在于要不要冒风险，而是要估计一个界限可以冒多大程度的风险，要使风险损失不至于引起灾难性的不可挽回的后果。

（4）决策的方式和范围。决策的方式可以是复杂的，也可以是简单的，这两种方式都要用，但其中有个范围问题。如果是重大问题，事关整个企业的兴衰，如投资、厂址选择、设备更新、产品品种及产量、市场、价格、成本、人事等，则需要用到复杂的方式；而一般的日常工作或小问题，就没必要用复杂方式进行决策，只要用简单方式就可以了。

（5）个人决策与集体决策。一个人的思路和知识总是有限的，在决策过程中要充分发挥集体的智慧，参与的人多了，考虑问题就相对全面，做出的决策一般来说也比一个人决策成功的概率要大。

决策是一个复杂的过程，要用到数学、运筹学、经济学、心理学、社会学以及电子计算机等方面的知识，而且有决策人的主观因素在起作用。因此，决策者要精通有关的知识和技术，并通过反复实践才能做出好的决策。

第 2 节　不确定型决策

不确定型决策是在决策者对环境情况一无所知时，根据自己的主观倾向进行的决策。决策者面临多种可能的自然状态，但未来自然状态出现的概率不可预知，由于无法确定何种状态出现，故决策者只能依据一定的决策准则来进行分析决策。

本节将介绍的决策准则有：乐观准则、悲观准则、折中准则、等可能准则和遗憾准则。

一般风险决策问题可描述为：设 A_1，A_2，$\cdots$，A_m 为 m 种可选择的方案，S_1，S_2，$\cdots$，S_n 为 n 种可能出现的状态，也称自然状态，各种可能状态出现的概率分别为 p_1，p_2，$\cdots$，p_n，这些概率可以是客观的，也可以是主观的，记 $a_{ij} = u(A_i, S_j)$ 为方案 A_i 在状态 S_j 出现时的损益值。

例 7.1　某企业计划贷款修建一个仓库，初步考虑了三种建仓库的方案，即修建大型仓库、修建中型仓库和修建小型仓库，分别用 A_1、A_2、A_3 表示，货物量的状态有货物量大、货物量中、货物量小三种状态，分别用 S_1、S_2、S_3 表示；当货物量不同时，对于不同规模的仓库而言，其获利情况、支付贷款利息和营运费用都不同。经初步估算，编制出每种方案在不同的货物量下的损益值，如表 7.2 所示。试问如何进行方案的决策？

表 7.2　每种方案在不同的货物量下的损益值　　　　　　　　单位：万元

项目	S_1	S_2	S_3
A_1	90	40	20
A_2	50	70	40
A_3	30	50	60

下面用不同的准则分析此案例。

2.1　乐观准则（Max-Max 准则）

如果决策者不放弃任何机会，以乐观冒险的精神寄希望于出现对自己最有利的自然状态，自己做出的决策有时能取得最好的结果，这种准则就称为乐观准则。乐观准则的核心是"好中选好"，所以该准则又叫大中取大准则。记

$$u(A_i) = \max_{1 \leqslant j \leqslant n} a_{ij} \quad i = 1, 2, \cdots, m \tag{7.1}$$

则最优方案 A_i^* 应满足

$$u(A_i^*) == \max_{1 \leqslant i \leqslant m} u(A_i) = \max_{1 \leqslant i \leqslant m} \max_{1 \leqslant j \leqslant n} a_{ij} \tag{7.2}$$

利用乐观准则，对例 7.1 中所提出的问题进行决策，则

$$u(A_1) = \max\{90, 40, 20\} = 90$$

$$u(A_2) = \max\{50, 70, 40\} = 70$$

$$u(A_3) = \max\{30, 50, 60\} = 60$$

由

$$u(A_1) == \max_{1 \leqslant i \leqslant 3} u(A_i) = 90 \tag{7.3}$$

得到最优方案为 A_1，即建大型仓库；收益值为 90 万元。

2.2 悲观准则(Max-Min 准则)

由于对决策问题的情况不明，决策者持稳健和保守心理，所以在决策分析时比较谨慎小心，常从最坏的结果考虑，并从最坏的结果中选择最好的结果。这种决策的主要特点是对现实方案的选择持悲观原则，因此称为悲观决策标准。记

$$u(A_i) = \min_{1 \leqslant j \leqslant n} a_{ij} \quad i = 1, 2, \cdots, m \tag{7.4}$$

则最优方案 A_i^* 应满足

$$u(A_i^*) == \max_{1 \leqslant i \leqslant m} u(A_i) = \max_{1 \leqslant i \leqslant m} \min_{1 \leqslant j \leqslant n} a_{ij} \tag{7.5}$$

利用悲观准则，对例 7.1 中所提出的问题进行决策，则

$$u(A_1) = \min\{90, 40, 20\} = 20$$

$$u(A_2) = \min\{50, 70, 40\} = 40$$

$$u(A_3) = \min\{30, 50, 60\} = 30$$

由

$$u(A_1) == \max_{1 \leqslant i \leqslant 3} u(A_i) = 40 \tag{7.6}$$

得到最优方案为 A_2，即建中型仓库；收益值为 40 万元。

2.3 折中准则

折中准则是介于悲观和乐观准则之间的一个准则，其特点是对客观状态的估计既不完全乐观，也不完全悲观，而是采用一个乐观系数 α 来反映决策者对状态估计的乐观程度。具体计算方法是：取 $\alpha \in [0, 1]$，令

$$u(A_i) = \alpha \max_{1 \leqslant j \leqslant n} a_{ij} + (1 - \alpha) \min_{1 \leqslant j \leqslant n} a_{ij} \quad i = 1, 2, \cdots, m \tag{7.7}$$

然后，从 $u(A_i)$ 中选择最大者为最优方案，即

$$u(A_i^*) == \max_{1 \leqslant i \leqslant m} u(A_i) = \max_{1 \leqslant i \leqslant m} [\alpha \max_{1 \leqslant j \leqslant n} a_{ij} + (1 - \alpha) \min_{1 \leqslant j \leqslant n} a_{ij}] \tag{7.8}$$

显然，当 $\alpha = 1$ 时，即为乐观准则的结果；当 $\alpha = 0$ 时，即为悲观准则的结果。

现取 $\alpha = 0.7$，则 $1 - \alpha = 0.3$，由式(7.7)对例 7.1 中所提出的问题进行决策，则

有

$$u(A_1) = 0.7 \times 90 + 0.3 \times 20 = 69$$

$$u(A_2) = 0.7 \times 70 + 0.3 \times 40 = 61$$

$$u(A_3) = 0.7 \times 60 + 0.3 \times 30 = 51$$

可知，最优方案为 A_1，即建大型仓库；折中收益值为 69 万元。

当 $\alpha = 0.5$ 时，代入式(7.7)和式(7.8)，最优方案可以是 A_1 或 A_2；当 $\alpha = 0.4$ 时，最优方案可以是 A_2。当 α 取不同值时，反映决策者对客观状态估计的乐观程度不同，因而决策的结果也就不同。一般地，当条件比较乐观时，α 取得大些；反之，α 应取得小些。

2.4　等可能准则(Laplace 准则)

这种准则的思想在于对各种可能出现的状态"一视同仁"，即认为它们出现的可能性都是相等的，均为 $\frac{1}{n}$ (有 n 个状态)。然后，再按照期望收益最大的原则选择最优方案。则

$$u(A_i) = \frac{1}{n} \sum_{j=1}^{n} a_{ij} \; i = 1, \; 2, \; \cdots, \; m \tag{7.9}$$

则最优方案 A_i^* 应满足

$$u(A_i^*) == \max_{1 \le i \le m} u(A_i) = \max_{1 \le i \le m} \left[\frac{1}{n} \sum_{j=1}^{n} a_{ij} \right] \tag{7.10}$$

利用等可能准则，对例 7.1 中所提出的问题进行决策，则

$$u(A_1) = \frac{1}{3} \times (90 + 40 + 20) = 50$$

$$u(A_2) = \frac{1}{3} \times (50 + 70 + 40) = 53.3$$

$$u(A_3) = \frac{1}{3} \times (30 + 50 + 60) = 46.7$$

最优方案为 A_2，即建中型仓库；收益期望值为 53.3 万元。

2.5　遗憾准则(Min-Max 准则)

在决策过程中，当某一种状态可能出现时，决策者必然要选择使收益最大的方案。但如果决策者由于决策失误而没有选择使收益最大的方案，则会感到遗憾或后悔。遗憾准则的基本思想就在于尽量减少决策后的遗憾，使决策者不后悔或少后悔。具体计算时，首先要根据收益矩阵算出决策者的"后悔矩阵"，该矩阵的元素(称为后悔值) b_{ij} 的计算公式为

$$b_{ij} = \max_{1 \le i \le m} a_{ij} - a_{ij}, \; i = 1, \; 2, \; \cdots, \; m; \; j = 1, \; 2, \; \cdots, \; n \tag{7.11}$$

然后，记

$$r(A_i) = \max_{1 \le j \le n} b_{ij}, \; j = 1, \; 2, \; \cdots, \; n \tag{7.12}$$

所选的最优方案应使

$$r(A_i^*) == \min_{1 \le i \le m} r(A_i) = \min_{1 \le i \le m} \max_{1 \le i \le m} b_{ij} \tag{7.13}$$

利用遗憾准则，对例 7.1 中所提出的问题进行决策，计算出的后悔值如表 7.3 所示。

表 7.3　每种方案在不同的货物量下的后悔值　　　　　单位：万元

项目	S_1	S_2	S_3	max b_{ij}
A_1	0	30	40	40
A_2	40	0	20	40
A_3	60	20	0	60

最优方案为 A_1 或 A_2。

综上所述，根据不同决策准则得到的结果并不完全一致，处理实际问题时可同时采用几个准则来进行分析和比较，到底采用哪种方案，需视具体情况和决策者对自然状态所持的态度而定。

第 3 节　风险型决策

风险型决策是指在决策问题中，决策者除了知道未来可能出现哪些状态外，还知道出现这些状态的概率分布，决策者要根据几种不同自然状态下可能发生的概率进行决策。由于在决策中引入了概率，所以根据不同概率拟订不同的决策方案，不论选择哪一种决策方案，都要承担一定程度的风险。

风险型决策问题应具备以下几个条件：

（1）具有决策者希望的一个明确目标。

（2）具有两个以上不以决策者的意志为转移的自然状态。

（3）具有两个以上的决策方案可供决策者选择。

（4）不同决策方案在不同自然状态下的损益值可以计算出来。

（5）不同自然状态出现的概率，决策者可以事先计算或者估计出来。

风险型决策的常用方法有最大可能法和期望值准则法。

例 7.2　某企业计划贷款修建一个仓库，初步考虑了三种建仓库的方案，即修建大型仓库、修建中型仓库和修建小型仓库，分别用 A_1、A_2、A_3 表示，货物量的状态有货物量大、货物量中、货物量小三种状态，分别用 S_1、S_2、S_3 表示。经初步估算，编制出每种方案在不同的货物量的损益值，如表 7.4 所示。根据对货物量的调查分析，估计货物量大的可能性是 50%，货物量中的可能性是 30%，货物量小的可能性是 20%，要求进行方案决策。

表 7.4　每种方案在不同的货物量下的损益值　　　　　单位：万元

项目	货物量大	货物量中	货物量小
建大型仓库	90	40	20
建中型仓库	50	70	40
建小型仓库	30	50	60

下面分别用最大可能法和期望值准则法分析此案例。

3.1 最大可能法

我们知道，在某些情况下，确定型决策问题要比风险型决策容易一些。那么，在什么条件下才能把风险型决策问题转化为确定型决策问题呢？根据概率论原理，一个事件的概率越大，其发生的可能性越大。基于这种想法，在风险型决策中选择一个概率最大的自然状态进行决策，且不考虑其他自然状态，这样就变成了确定型决策问题，也就是最大可能法。

最大可能法的决策过程非常简单。首先，从各自然状态的概率值中选出最大者对应的状态，其余状态不再考虑；然后，再根据在最大可能状态下各方案的损益值进行决策。

利用最大可能法对例 7.2 中所提出的问题进行决策。根据估计三种状态的概率值大小，只需要考虑发生概率最大的"货物量大"这一情况，分别从收益值最大和损失值最小两个方面进行决策，如表 7.5 所示。

表 7.5　最大可能法决策分析　　　　　　　　　　　　　　单位：万元

方案	收益值最大	损失值最小
建大型仓库	90	0
建中型仓库	50	40
建小型仓库	30	60
决策	max{90, 50, 30} = 90	min{0, 40, 60} = 0

从表 7.5 中可以看出，收益值最大和损失值最小对应的决策结果都是建造大型仓库。

最大可能法有着十分广泛的应用范围，特别是当某一自然状态的概率非常突出，比其他状态的概率大许多的时候，这种方法的决策效果是比较理想的。但是当自然状态发生的概率互相都很接近且变化不明显时，采用这种方法效果就不理想，甚至会产生严重错误。

3.2 期望值准则法

期望值准则法是将每种方案看成是离散型随机变量，随机变量值是每种方案在不同自然状态下的损益值，其概率等于自然状态下的概率，从而可以计算出每种方案的期望值，来对各方案进行取舍。这里所说的期望值就是概率论中离散随机变量的数学期望，即

$$E(A_i) = \sum_{j=1}^{n} x_{ij} p_j(S_j) \tag{7.14}$$

然后选取 A_i^*，使

$$E(A_i^*) = \max_{1 \leqslant i \leqslant m} E(A_i) \tag{7.15}$$

式中，$E(A_i)$ 表示第 i 种方案的损益期望值；x_{ij} 表示第 i 种方案在自然状态 S_j 下的损益值；p_j 表示自然状态 S_j 出现的概率。

如果决策目标是效益最大，则采取期望值最大的备选方案；如果损益矩阵的元素是损失值，而且决策目标是使损失最小，则应选定期望值最小的备选方案。

1. 决策表法

决策表法的决策过程是：先按各行计算各状态下的损益值与概率值乘积之和，得到期

望值；再比较各行的期望值，根据期望值的大小和决策目标，选出最优者，对应的方案就是决策方案。

一般风险型决策问题可由表7.6表示。

表7.6 一般风险型决策问题

项目	S_1	S_2	$\cdots$	S_n	期望收益值
	p_1	p_2	$\cdots$	p_n	
A_1	a_{11}	a_{12}	$\cdots$	a_{1n}	$E(A_1)$
A_1	a_{21}	a_{22}	$\cdots$	a_{2n}	$E(A_2)$
$\vdots$	$\vdots$	$\vdots$	$\vdots$	$\vdots$	$\vdots$
A_m	a_{m1}	a_{m2}	$\cdots$	a_{mn}	$E(A_m)$
最大期望收益值	$E(A_i^*) = \max\limits_{1 \le i \le m} E(A_i)$				

利用决策表法对例7.2中所提出的问题进行决策，则

$$E(A_1) = 0.5 \times 90 + 0.3 \times 40 + 0.2 \times 20 = 61$$

$$E(A_2) = 0.5 \times 50 + 0.3 \times 70 + 0.2 \times 40 = 54$$

$$E(A_3) = 0.5 \times 30 + 0.3 \times 50 + 0.2 \times 60 = 42$$

关于修建仓库期望准则法决策表如表7.7所示。

表7.7 关于修建仓库期望准则法决策表

项目	货物量大	货物量中	货物量小	期望收益值
	0.5	0.3	0.2	
建大型仓库	90	40	20	61
建中型仓库	50	70	40	54
建小型仓库	30	50	60	42
最大期望收益值	61			

选取最优方案为 A_1，即建大型仓库；期望收益值为61万元。

下面通过两个例题看看决策表法的应用。

例7.3 某物流企业在组织运输时，由气象部门得到天气状况预报为：0.2的概率为晴天，0.5的概率为多云，0.3的概率为小雨。现该物流企业准备了三套配送方案：甲、乙和丙。三种方案在三种天气所对应的损益矩阵如表7.8所示。

表7.8 三种方案在三种天气所对应的损益矩阵 单位：万元

项目	晴天（S_1）	多云（S_2）	小雨（S_3）
	0.2	0.5	0.3
甲（A_1）	160	−30	−50
乙（A_2）	20	80	100
丙（A_3）	70	100	60

解 计算出各方案的期望值

$$E(A_1) = 0.2 \times 160 + 0.5 \times (-30) + 0.3 \times (-50) = 2(万元)$$

$$E(A_2) = 0.2 \times 20 + 0.5 \times 80 + 0.3 \times 100 = 74(万元)$$
$$E(A_3) = 0.2 \times 70 + 0.5 \times 100 + 0.3 \times 60 = 82(万元)$$

配送方案期望准则法决策表如表 7.9 所示。

表 7.9 配送方案期望准则法决策表

项目	晴天	多云	小雨	期望收益值
	0.2	0.5	0.3	
甲	160	−30	−50	2
乙	20	80	100	74
丙	70	100	60	82
最大期望收益值	82			

根据期望收益最大原则,应选择方案 A_3,即丙方案,期望收益值为 82 万元。

例 7.4 某企业生产的是季节性产品,销售期为 90 天,产品每台售价 1.8 万元,成本 1.5 万元,利润 0.3 万元。但是,如果每天增加一台存货,则损失 0.1 万元。预测的销售量及相应的概率如表 7.10 所示,问企业应怎样安排日产量计划才能获得最大利润?

表 7.10 预测的销售量及相应的概率

日销量/台	完成该销量的天数/天	相应概率
200	20	0.1
220	35	0.4
240	25	0.3
270	10	0.2
合计	90	1.0

解 根据预测的日销量,企业生产计划的可行方案为日产 200 台、220 台、240 台或 270 台。由表 7.10 的资料可计算出每种方案的损益值和预计利润。

关于损益值的计算方法,以日产 220 台为例:

当日销量为 200 台时,损益值 = $0.3 \times 200 - 0.1 \times 20 = 58$(万元);

当日销量为 220 台时,损益值 = $0.3 \times 220 = 66$(万元);

当日销量为 240 台和 270 台时,损益值 = $0.3 \times 220 = 66$(万元)。

依此方法,可以计算出日产 200 台、240 台、270 台的各个损益值,如表 7.11 所示。

表 7.11 各个日产方案损益值

项目	200	220	240	270
	0.1	0.4	0.3	0.2
200	60	60	60	60
220	58	66	66	66
240	56	64	72	72
270	53	61	69	81

计算出各方案的期望值:

$$E(A_1) = 0.1 \times 60 + 0.4 \times 60 + 0.3 \times 60 + 0.2 \times 60 = 60(万元)$$

$$E(A_2) = 0.1 \times 58 + 0.4 \times 66 + 0.3 \times 66 + 0.2 \times 66 = 65.2(万元)$$

$$E(A_3) = 0.1 \times 56 + 0.4 \times 64 + 0.3 \times 72 + 0.2 \times 72 = 67.2(万元)$$

$$E(A_4) = 0.1 \times 53 + 0.4 \times 61 + 0.3 \times 69 + 0.2 \times 81 = 66.6(万元)$$

计算出各产量的预计利润，把这些数据填入决策损益表中，期望准则法决策表如表7.12所示。

表7.12　日产方案期望准则法决策表

项目	200	220	240	270	预计利润/万元
	0.1	0.4	0.3	0.2	
200	60	60	60	60	60
220	58	66	66	66	65.2
240	56	64	72	72	67.2
270	53	61	69	81	66.6
最大期望收益值	67.2				

从表7.12中可知，日产240台时，预计利润最大为67.2万元。所以决策的最优方案为日产240台。

2. 决策树法

决策树法是风险决策最常用的一种方法，它将决策问题按从属关系分为几个等级，用决策树形象地表示出来。通过决策树能统观整个决策过程，从而对决策方案进行全面的计算、分析和比较。决策树法既可以解决单阶段的决策问题，还可以解决决策表无法表达的多阶段序列决策问题。在管理上，这种方法多用于较复杂问题的决策。

图7.2所示为决策树的结构。决策点在图中以方块表示，决策者必须在决策点处进行最优方案的选择；从决策点引出的若干条线代表若干种方案，称为方案枝；方案枝末端的圆圈叫作自然状态，从它引出的线条代表不同的自然状态，叫作概率枝；概率枝末端的三角形叫作结果点。

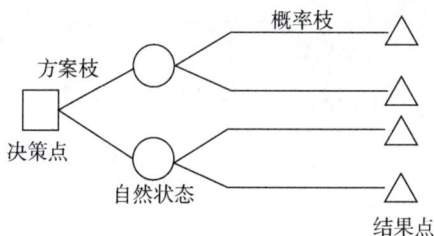

图7.2　决策树的结构

运用决策树法的几个关键步骤如下：

第一步，画出决策树。画出决策树的过程也就是对未来可能发生的各种事件进行周密思考、预测的过程，把这些情况用树状图表示出来。

第二步，由专家估计法或用试验数据推算出概率值，并把概率写在概率枝的位置上。

第三步，计算损益期望值。由树梢开始按从右向左的顺序进行，用期望法计算，若决策目标是营利，则比较各分枝，取期望值最大的分枝，并对其他分枝进行修剪。

用决策树进行决策分析，可分为单阶段决策和多阶段决策两类。

（1）单阶段决策。

例7.5 用决策树法对例7.2所提出的问题进行决策。

仿照图7.2建立决策树，如图7.3所示。

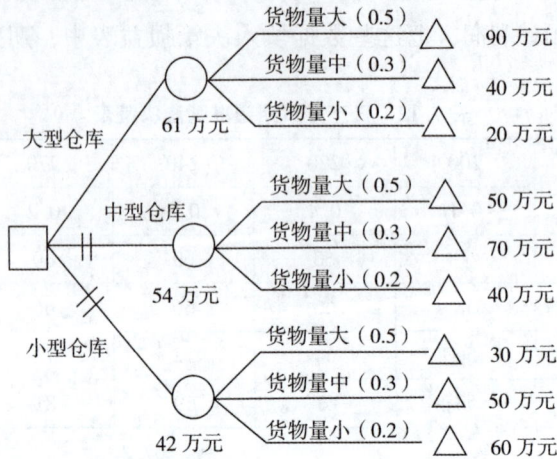

图7.3 建立仓库决策树

比较不同方案的期望值，得到决策结果为建大型仓库，收益为61万元，并在图7.3中剪去期望值较小的方案分枝。

例7.6 某企业计划投资手机行业，目前有两种方案可供选择：一种方案是建设大工厂，另一种方案是建设小工厂，两者的使用期都是8年。建设大工厂需要投资500万元，建设小工厂需要投资260万元。两种方案的每年损益值及自然状态的概率如表7.13所示。试应用决策树法选出合理的决策方案。

表7.13 两种方案的每年损益值及自然状态的概率表

概率	自然状态	建大工厂年损益值/万元	建小工厂年损益值/万元
0.7	销路好	200	80
0.3	销路差	−40	60

解 绘制出本问题的决策树，如图7.4所示。

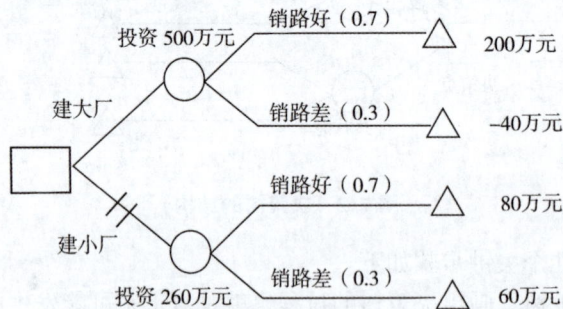

图7.4 建设工厂决策树

各点的期望值计算如下：

$$0.7 \times 200 \times 8 + 0.3 \times (-40) \times 8 - 500 = 524 （万元）$$

$$0.7 \times 80 \times 8 + 0.3 \times 60 \times 8 - 260 = 332（万元）$$

比较不同方案的期望值得到决策结果为建设大工厂,损益值为524万元,并在图7.4中剪去期望值较小的方案分枝。

例7.7 为了适应市场需求,某企业提出未来3年内扩大生产规模的三种方案:新建一条生产线,需要投资100万元;扩建原生产线,需要投资70万元;收购现存生产线,需要投资40万元。三种方案在不同自然状态下的年损益值如表7.14所示,试应用决策树法选出合理的决策方案。

表7.14 三种方案在不同自然状态下的年损益值 单位:万元

项目	高需求	中等需求	低需求
	0.2	0.5	0.3
新建生产线	200	80	0
扩建生产线	110	70	10
收购生产线	90	30	20

解 根据已知条件绘制决策树,并把各种方案概率枝上的收益值相加,填入相应的状态点上,如图7.5所示。

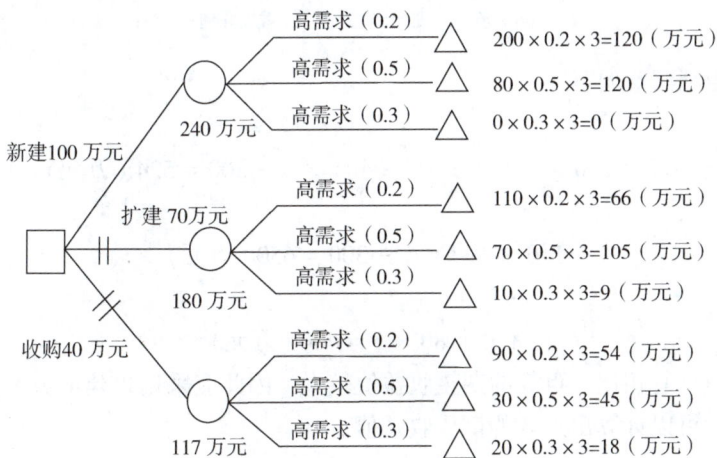

图7.5 扩大规模决策树

比较三种方案在三年内的净收益值。

新建生产线:240-100=140(万元);

扩建生产线:180-70=110(万元);

收购生产线:117-40=77(万元)。

如果以最大收益值作为评价标准,应选择新建生产线的方案,净收益值为140万元,其余两种方案枝应剪去。

(2)多阶段决策。

很多实际决策问题需要决策者进行多次决策,这些决策按先后次序分为几个阶段,后阶段的决策内容依赖于前阶段的决策结果及前一阶段决策后所出现的状态。在做前一次决策时,也必须考虑到后一阶段的决策情况,这类问题称为多阶段决策问题。

下面用一个两阶段决策问题的例子来说明决策树在多阶段决策中的应用。

例7.8 在例7.6中，如果增加一个考虑方案，即先建设小工厂，如销路好，3年以后扩建。根据计算，扩建需要投资300万元，可使用5年，每年盈利190万元。那么这个方案与前两个方案比较，优劣如何？

解 这个问题可分前3年和后5年两期来考虑，绘制决策树示意图，如图7.6所示。

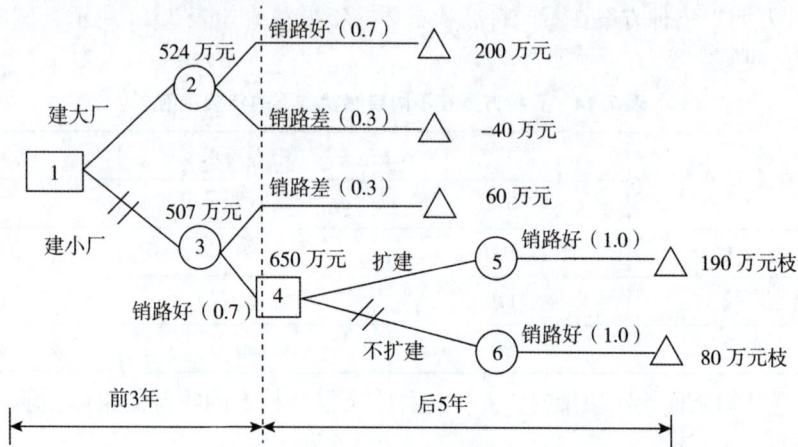

图7.6 增加一个方案后的决策树

各点的期望利润值如下：

点②：
$$0.7 \times 200 \times 8 + 0.3 \times (-40) \times 8 - 500 = 524 \,(万元)$$

点⑤：
$$1.0 \times 190 \times 5 - 300 = 650 \,(万元)$$

点⑥：
$$1.0 \times 80 \times 5 = 400 \,(万元)$$

由于点⑤与点⑥相比，点⑤的期望收益值较大，因此应采用扩建的方案，而舍弃不扩建的方案，然后可以计算出点③的期望收益值。

点③：
$$0.7 \times 80 \times 3 + 0.7 \times 650 + 0.3 \times 60 \times 8 - 260 = 507 \,(万元)$$

由于点③与点②相比，点②的期望收益值较大，因此取点②而舍弃点③。这样相比之下，直接建设大工厂的方案是最优方案。

第4节 效用决策

4.1 效用的概念

本章前面介绍风险型决策方法时，提到了可根据期望收益最大(或期望损失最小)原则选择最优方案，但这样做有时并不一定合理，下面来看几个例子。

例 7.9 设有决策问题：方案 A_1：稳获 100 元；方案 B_1：获 250 元和 0 元的机会各为 41% 和 59%。

从直观上看，大多数人可能选择方案 A_1。但我们不妨计算一下方案 B_1 的期望收益：

$$E(B_1) = 0.41 \times 250 + 0.59 \times 0 = 102.5 > 100 = E(A_1)$$

于是，根据期望收益最大原则，一个理性的决策者应该选择方案 B_1，这一结果恐怕令实际中的决策者很难受。这说明，完全根据期望收益作为评价方案的准则往往是不尽合理的。

例 7.10 有甲、乙二人，甲提出请乙掷硬币，并约定：如果出现正面，乙可获得 40 元；如果出现反面，乙要向甲支付 10 元。现在，乙有两个选择，接受甲的建议（掷硬币，记为方案 A）或不接受甲的建议（不掷硬币，记为方案 B）。如果乙不接受甲的建议，其期望收益为 $E(B) = 0$；如果乙接受甲的建议，其期望收益为 $E(A) = 0.5 \times 40 - 0.5 \times 10 = 15$。根据期望收益最大化原则，乙应该接受甲的建议。现在假设乙是个穷人，10 元钱是他一家三天的口粮钱，而且假定乙手头现在仅有 10 元。这时，乙对甲的建议的态度很可能发生变化，很可能宁愿用这 10 元来买全家三天的口粮，不致挨饿，而不会去冒投机的风险。这个例子说明即使对同一个决策者来说，当其所处的地位、环境不同时，对风险的态度一般也是不同的。

例 7.9 和例 7.10 说明：同一笔货币量在不同场合下给决策者带来的主观上的满足程度是不一样的，或者说，决策者在更多的场合下是根据不同结果或方案对其需求欲望的满足程度来进行决策的，而不仅仅是依据期望收益最大进行决策。为了衡量或比较不同的商品、劳务满足人的主观愿望的程度，经济学家和社会学家们提出了效用这个概念，并在此基础上建立了效用理论。

所谓货币的效用价值，就是指人们主观上对货币价值的衡量。一般来说，效用是一个属于主观范畴的概念，这也是其能较好地解释现实中某些决策行为的原因所在。另外，效用是因人、因时、因地变化的，同样的商品或劳务对不同人，在不同时或不同地点具有不同的效用。同时还应注意，同种商品或劳务对不同人来说，一般是无法进行比较的。一瓶酒对爱喝酒和不爱喝酒的人来说，其效用是无法进行比较的。

上面的例子及分析表明：

(1)同一货币量，在不同风险情况下，对同一决策者来说具有不同的效用价值。

(2)在同等风险程度下，不同决策者对风险的态度是不一样的，即相同的货币量在不同人看来具有不同的效用。

4.2 效用曲线的确定及分类

如前所述，可以用效用来量化决策者对风险的态度。对每一个决策者来说，都可以测定反映他对风险态度的效用曲线。通常假定效用值是一个相对值，如假定决策者最偏好、最倾向、最愿意事物（方案）的效用值为 1；最不喜欢、最不愿意事物的效用值为 0（当然也可假定效用值在 0~100，等等）。确定效用曲线的方法主要是对比提问法。

设决策者面临两个可选择的方案 A_1 和 A_2，其中 A_1 表示他无风险地得到一笔收益 x，A_2 表示他可以概率 p 得到收益 y，以概率 $1-p$ 得到收益 z，其中 $z > x > y$ 或 $y > x > z$。

设 $U(x)$ 表示收益 x 的效用值，则当决策者认为方案 A_1 和 A_2 等价时，应有

$$pU(y) + (1 - p)U(z) = U(x) \tag{7.16}$$

式（7.16）意味着决策者认为 x 的效用值等价于 y 和 z 的效用的期望值。由于式（7.16）中共有 x、y、z、p 4 个变量，若其中任意 3 个确定后，即可通过向决策者提问得到第 4 个变量值。提问的方式大体有 3 种：

（1）每次固定 x、y、z 的值，改变 p 的值，并向决策者提问："p 取何值时，您认为 A_1 和 A_2 等价？"

（2）每次固定 p、y、z 的值，改变 x 的值，并向决策者提问："x 取何值时，您认为 A_1 和 A_2 等价？"

（3）每次固定 p、x、y（或 z）的值，改变 z（或 y）的值，并向决策者提问："z（或 y）取何值时，您认为 A_1 和 A_2 等价？"

实际计算中，经常取 $p = 0.5$，固定 y、z 的值，利用式（7.17）求得 x 的值。

$$0.5U(y) + 0.5U(z) = U(x) \tag{7.17}$$

将 y、z 的值改变 3 次，分别提问 3 次得到相应的 x 值，即可得到效用曲线上的 3 个点，再加上当收益最差时效用为 0 和收益最好时效用为 1 这两个点，实际上已得到效用曲线上的 5 个点，根据这 5 个点可画出效用曲线的大致图形。

分别记 x^* 和 x^0 为所有可能结果中决策者认为最有利和最不利的结果，即有

$$U(x^*) = 1, \qquad U(x^0) = 0$$

例 7.11 构造一个效用函数，已知所有可能收益区间为 $[-100, 200]$。单位：元，即 $x^* = 200$，$x^0 = -100$，故 $U(200) = 1$，$U(-100) = 0$。现用"五点法"确定效用曲线上其他 3 个点。

解 （1）请决策者在"A_1：稳获 x 元"和"A_2：以 50% 的机会得到 200 元，50% 的机会损失 100 元"这两个方案间进行比较。假设先取 $x = 25$，若决策者的回答是偏好于 A_1，则适量减少 x 的值，例如取 $x = 10$；若决策者的回答还是偏好于 A_1，则可将 x 的值再适量减少，例如取 $x = -10$。这时，假设决策者的回答是偏好于方案 A_2，则应适量增加 x 的值，例如取 $x = 0$。假设当 $x = 0$ 时决策者认为方案 A_1 和 A_2 等价，则有

$$U(0) = 0.5 \times U(200) + 0.5 \times U(-100) = 0.5 \times 1 + 0.5 \times 0 = 0.5 \tag{7.18}$$

（2）请决策者在"A_1：稳获 x 元"和"A_2：以 50% 的机会得到 0 元，50% 的机会损失 100 元"这两个方案间进行比较。假设当 $x = -60$ 时决策者认为方案 A_1 和 A_2 等价，则有

$$U(-60) = 0.5 \times U(0) + 0.5 \times U(-100) = 0.5 \times 0.5 + 0.5 \times 0 = 0.25 \tag{7.19}$$

（3）请决策者在"A_1：稳获 x 元"和"A_2：以 50% 的机会得到 0 元，50% 的机会得到 200 元"这两个方案间进行比较。假设 $x = 80$ 时决策者认为方案 A_1 和 A_2 等价，则有

$$U(80) = 0.5 \times U(0) + 0.5 \times U(200) = 0.5 \times 0.5 + 0.5 \times 1 = 0.75 \tag{7.20}$$

这样便确定了当收益为 -100 元、-60 元、0 元、80 元和 200 元时的效用价值分别为 0、0.25、0.5、0.75 和 1，据此可以画出该效用的大致图形，如图 7.7 所示。

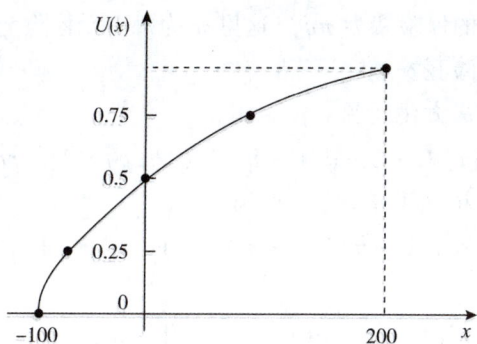

图 7.7　例 7.11 的效用函数

从以上向决策者的提问及其回答的情况来看，不同的决策者的选择是不同的，这样可得到不同形状的效用曲线，表示决策者对风险的态度不同。效用曲线的形状大体可分为保守型、中间型、冒险型 3 种，如图 7.8 所示。具有中间型效用曲线的决策者认为他的实际收入和效用值的增长成等比关系；具有保守型效用曲线的决策者对实际收入的增加的反应比较迟钝，即认为实际收入的增加比例小于效用值的增加的比例；具有冒险型效用曲线的决策者则对实际收入的增加的反应比较敏感，认为实际收入的增加比例大于效用值的增加的比例。以上 3 类具有代表性的曲线类型。实际中的决策者效用曲线可能是 3 种类型兼而有之，反映出当收入变化时，决策者对风险的态度也在发生变化。

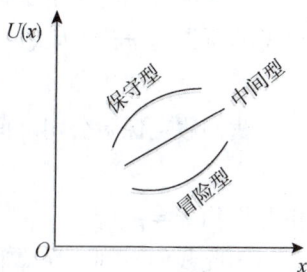

图 7.8　不同类型的效用曲线

4.3　风险规避度的衡量

如前所述，消费者在具有风险的环境下进行决策时，通常会表现出对风险的不同态度，称为风险规避度。消费者的风险规避度与他的效用函数 $u(\cdot)$ 的曲率相关。效用函数越弯曲，风险规避程度越高。因此，我们可以简单地用效用函数的二阶导数 $u''(\cdot)$ 来表示风险规避程度。线性效用函数具有零风险规避度 $u''(\cdot) = 0$，凹的效用函数具有负风险规避度 $u''(\cdot) < 0$，凸的效用函数具有正风险规避度 $u''(\cdot) > 0$。

1. 局部风险规避度

阿罗(Kenneth Arrow)和普拉特(John Pratt)给出了一种应用广泛的衡量消费者风险规避度的方法，称为阿罗-普拉特风险规避度，其定义为

$$r(\cdot) = -\frac{u''(\cdot)}{u'(\cdot)} \tag{7.21}$$

由于关于效用函数弯曲程度的信息包括在了 $u''(\cdot)$ 中，因此 $r(\cdot)$ 并没有丧失描述曲率的信息；而同时，在对效用函数进行正线性变换时，$u(\cdot)$ 值保持不变。对风险规避型(Risk-Averse)消费者来说，$u(\cdot) > 0$，且 $r(\cdot)$ 值越大，表示消费者对风险越厌恶。

例 7.12　假设某消费者具有初始财物 W，他可能的损失数量 L 的概率(比如他的房子被烧毁的可能性)为 p。该消费者可以购买保险，在他蒙受损失的时候，得到 q 元的赔付。

购买 q 元保险而必须支付的保险费为 πq，这里 π 为每 1 元保险金额对应的保险费。那么，该消费者愿意购买多少保险呢？

解 我们来考查效用最大化问题

$$\max pu(W - L + q(1 - \pi) + (1 - p)u(W - \pi q))$$

对 q 求一阶偏导数，并令其等于零，得到

$$pu'(W - L + q(1 - \pi))(1 - \pi) - (1 - p)u'(W - \pi q)\pi = 0$$

整理得到

$$\frac{u'(W - L + q(1 - \pi))}{u'(W - \pi q)} = \frac{1 - p}{p} \cdot \frac{\pi}{1 - \pi} \tag{7.22}$$

如果保险标的发生了损失，保险公司的所得为 $\pi q - q$；如果损失事件没有发生，保险公司的所得为 πq。因此，保险公司的期望利润为

$$(1 - p)\pi q - p(1 - \pi)q$$

我们假定保险公司之间的竞争使得利润为 0，这意味着

$$(1 - p)\pi q - p(1 - \pi)q = 0$$

由此得到 $\pi = p$。

因此我们看到，在零利润假设下，保险公司实际上是按照一个"公平费率"提供保险的，即每张保单收取的保费恰好等于保险人承担的损失赔付的期望值。

2. 全局风险规避度

阿罗–普拉特风险规避度仅仅是对消费者在某一局部风险规避程度的解释。然而在很多情况下，我们需要了解消费者在全局意义下对风险规避的程度，即需要说明一个消费者是否比另一个消费者对所有风险活动都具有更高的风险规避倾向。

一般来说，可以用三种方式来表示这种全局意义下的风险规避度。

第一种方式是用阿罗–普拉特风险规避度来对全局风险规避度进行描述，即假设 $r_A(\omega)$ 为消费者 A 的阿罗–普拉特风险规避度，$r_B(\omega)$ 为消费者 B 的阿罗–普拉特风险规避度。如果对任何 ω，都有 $r_A(\omega) > r_B(\omega)$（$r_A(\omega) \geqslant r_B(\omega)$），则称消费者 A 比消费者 B 具有更强（不弱）的全局风险规避倾向。

第二种方式是比较两个消费者的效用函数曲线弯曲（凹）的程度，即设 u_A 和 u_B 分别为消费者 A 和消费者 B 的效用函数，如果存在递增（严格递增）的凹函数 g，使得对所有 ω，都有 $u_A(\omega) = gu_B(\omega)$，则称消费者 A 比消费者 B 具有不弱（更强）的全局风险规避倾向。

第三种方式是比较两个消费者对所有风险行动愿意付出的风险金的大小。令 ε 为一个期望值为 0 的随机变量。定义风险金（亦称为风险报酬、风险溢价、保险费等）$\pi_A(\varepsilon)$ 为消费者 A 为了避免随机变量 ε 所带来的风险而愿意放弃的财富的最大数量，即应有

$$u_A(\omega - \pi_A(\varepsilon)) = Eu_A(\omega + \varepsilon) \tag{7.23}$$

如果对所有 ω，都有 $\pi_A(\varepsilon) > \pi_B(\varepsilon)$（$\pi_A(\varepsilon) \geqslant \pi_B(\varepsilon)$），则称消费者 A 比消费者 B 具有更强（不弱）的全局风险规避倾向。

普拉特定理表明，上述表示全局风险规避度的三种方式是等价的。

3. 相对风险规避度

前面定义的风险规避度为绝对风险规避度(Absolute Risk-Aversion)，衡量的是消费者在财富水平为 ω 或收入水平为 y 的情况下，愿意持有风险资产的态度。但实际当中我们经常会看到，消费者的风险收入和财富水平成一定的比例，比如投资回报一般是相对于投资规模而言的。例如有一个赌博，参赌者以概率 p 获得现有财富水平 ω 的 x 倍，以概率 $1-p$ 获得现有收入水平 ω 的 y 倍。如果参赌者以期望效用函数 u 对赌博的结果进行评价，那么该赌博的期望效用为

$$pu(x\omega) + (1-p)u(y\omega) \tag{7.24}$$

4. 财富水平对风险规避度的影响

关于风险规避度是如何随财富水平变化而变化，是一个非常有意义的问题。但一般来说，这种变化关系是不确定的，表 7.15 给出了一些效用函数以及相应的绝对风险规避度和相对风险规避度。

表 7.15　常用的效用函数形式

绝对风险规避度		
风险规避度类型	性质	效用函数举例
递增的绝对风险规避度	财富越多，愿意持有的风险资产越少	$u(\omega) = \omega^{-\omega^2}$, $r(\omega) = \omega(1+2\ln\omega) - \dfrac{1}{\omega}$
不变绝对风险规避度	愿意持有的风险资产不随财富变化而变化	$u(\omega) = -e^{c\omega}$, $r(\omega) = c^2$
递减的绝对风险规避度	财富越多，愿意持有的风险资产越多	$u(\omega) = \ln(\omega)$, $r(\omega) = \dfrac{1}{\omega}$
相对风险规避度		
风险规避度类型	性质	效用函数举例
递增的相对风险规避度	财富越多，愿意持有越少比例的风险资产	$u(\omega) = \omega^{-c\omega^2}$, $\rho(\omega) = \omega^2(1+2\ln\omega) + 1$
不变相对风险规避度	愿意持有风险资产的比例不随财富变化而变化	$u(\omega) = \ln(\omega)$, $\rho(\omega) = 1$
递减的相对风险规避度	财富越多，愿意持有越大比例的风险资产	$u(\omega) = -e^{\frac{2}{\sqrt{\omega}}}$, $\rho(\omega) = \dfrac{3}{2} + \dfrac{1}{\sqrt{\omega}}$

习　题

7.1　简述确定型决策、不确定型决策和风险型决策之间的区别。不确定型决策能否设法转换为风险型决策？若能转换，对决策的准确性有什么影响？

7.2 什么是决策矩阵？收益矩阵、损失矩阵、风险矩阵、后悔矩阵在含义方面有什么区别？

7.3 某不确定型决策问题的决策矩阵如表7.16所示。

表 7.16 决策矩阵表

项目	S_1	S_2	S_3	S_4
A_1	4	16	8	1
A_2	4	5	12	14
A_3	15	19	14	13
A_4	2	17	8	17

(1)若乐观系数 $\alpha = 0.4$，矩阵中的数字是利润，请用不确定型决策的各种决策准则分别确定相应的最优方案。

(2)若表7.16中的数字为成本，问对应于上述决策准则所选择的方案有何变化？

7.4 某一季节性商品必须在销售之前就把产品生产出来。当需求量是 D 时，生产者生产 x 件商品获得的利润(元)为

$$f(x) = \begin{cases} 2x, & 0 \leqslant x \leqslant D \\ 3D - x, & x > D \end{cases}$$

设 D 只有5个可能的值：1 000件、2 000件、3 000件、4 000件和5 000件，并且它们的概率都是0.2。生产者希望商品的生产量也是上述5个值中的某一个。问：

(1)若生产者追求最大的期望利润，他应选择多大的生产量？

(2)若生产者选择遭受损失的概率最小，他应生产多少商品？

(3)生产者欲使利润大于或等于3 000元的概率最大，他应选择多大的生产量？

7.5 在一台机器上加工制造一批零件共10 000个，如加工完后逐个进行修整，则全部可以合格，但需修整费300元。如不进行修整，据以往资料统计，次品率情况如表7.17所示。

表 7.17 次品率情况

次品率(S)	0.02	0.04	0.06	0.08	0.10
概率(p)	0.20	0.40	0.25	0.10	0.05

一旦装配中发现次品时，需返工修理费为每个零件0.50元。请用期望值法决定这批零件要不要修整。

7.6 某公司有50 000元多余资金，如用于某项开发事业估计成功率为96%，成功时一年可获利12%，一旦失败，则有丧失全部资金的危险。如把资金存放到银行中，则可稳得年利6%。为获取更多情报，该公司求助于咨询服务，咨询费用为500元，但咨询意见只是提供参考，帮助下决心。据过去咨询公司类似200例咨询意见实施结果，情况如表7.18所示。

表 7.18 类似 200 例咨询意见实施结果

项目	投资成功	投资失败	合计
可以投资	154 次	2 次	156 次
不宜投资	38 次	6 次	44 次
合计	192 次	8 次	200 次

使用决策树法分析：

(1)该公司是否值得求助于咨询服务。

(2)该公司多余资金应如何合理使用？

7.7 决策者的效用函数可由下式表示：

$$U(x) = 1 - e^{-x}, \ 0 \leqslant x \leqslant 10\ 000 \ 元$$

如果决策者面临下列两份合同，如表 7.19 所示。

表 7.19 相关数据表

项目	$p_1 = 0.6$	$p_2 = 0.4$
A/元	6 500	0
B/元	4 000	4 000

问：决策者倾向于签订哪份合同？

参 考 答 案

第1章　线性规划与单纯形法

1.1

(1)
$$\max z' = 2x_1' + 2x_2 - 3(x_4 - x_5) + 0 \cdot x_6$$
$$\text{s. t.} \begin{cases} x_1' + x_2 + (x_4 - x_5) = 4 \\ 2x_1' + x_2 - (x_4 - x_5) + x_6 = 6 \\ x_1',\ x_2,\ x_4,\ x_5,\ x_6 \geqslant 0 \end{cases}$$

(2)
$$\max z = 5x_1 + 6x_2 + 0 \cdot x_3 + 0 \cdot x_4 + 0 \cdot x_5 + 0 \cdot x_6$$
$$\text{s. t.} \begin{cases} x_1 + x_2 - x_3 = 3 \\ 3x_1 + 2x_2 - x_4 = 8 \\ x_1 + x_5 = 6 \\ x_2 + x_6 = 5 \\ x_1,\ x_2,\ x_3,\ x_4,\ x_5,\ x_6 \geqslant 0 \end{cases}$$

(3)
$$\max z' = 3x_1 - 4x_2 + 2x_3 - 5(x_5 - x_6) + 0 \cdot x_7 + 0 \cdot x_8$$
$$\text{s. t.} \begin{cases} 4x_1 - x_2 + 2x_3 - (x_5 - x_6) = -2 \\ x_1 + x_2 - x_3 + 2(x_5 - x_6) + x_7 = 14 \\ -2x_1 + 3x_2 + x_3 - (x_5 - x_6) - x_8 = 2 \\ x_1,\ x_2,\ x_3,\ x_5,\ x_6,\ x_7,\ x_8 \geqslant 0 \end{cases}$$

(4)
$$\max z = 2x_1 - 3x_2' + 5(x_4 - x_5)$$
$$\text{s. t.} \begin{cases} -x_1 - x_2' + (x_4 - x_5) + x_6 = 5 \\ -6x_1 - 7x_2' - 9(x_4 - x_5) = 15 \\ 19x_1 - 7x_2' + 5(x_4 - x_5) + x_7 = 13 \\ x_1,\ x_2,\ x_4,\ x_5,\ x_6,\ x_7 \geqslant 0 \end{cases}$$

1.2

(1)无可行解；(2)无界解；(3)唯一最优解；(4)无穷多最优解。

1.3

(1)附表1中打△的是可行解，有＊号的为最优解。

附表1 1.3题答案

项目	x_1	x_2	x_3	x_4	x_5	z	x_1	x_2	x_3	x_4	x_5	
△	0	0	4	12	18	0	0	0	0	-3	-5	
△	4	0	0	12	6	12	3	0	0	0	-5	
	6	0	-2	12	0	18	0	0	1	0	-3	
△	4	3	0	6	0	27	-9/2	0	5/2	0	0	
△	0	6	4	0	6	30	0	5/2	0	-3	0	
△ *	2	6	2	0	0	36	0	3/2	1	0	0	* △
	4	6	0	0	-6	42	3	5/2	0	0	0	△
	0	9	4	-6	0	45	0	0	5/2	9/2	0	△

(2)略。

1.4 (1) $X = \left(\dfrac{8}{3},\ 0\right)^{\mathrm{T}}$, $z = \dfrac{80}{3}$; (2) $X = (100,\ 0,\ 70)^{\mathrm{T}}$, $z = 370$。

1.5 (1) $X^* = (0.8,\ 1.8,\ 0)^{\mathrm{T}}$, $z^* = 7$; (2)不可行。

1.6(附表2)

附表2 1.6题答案

	$c_j \rightarrow$		(3)	-1	2	0	0
C_B	基	b	x_1	x_2	x_3	x_4	x_5
0	x_4	6	(2)	(4)	(-2)	1	0
0	x_5	1	-1	3	(2)	0	1
	$\sigma_j \rightarrow$		(3)	-1	2	0	0
(3)	x_1	(3)	[(1)]	2	-1	1/2	0
0	x_5	4	(0)	(5)	1	1/2	1
	σ_j		0	-7	(5)	(-3/2)	(0)

1.7

设 x_i 为每月买进的杂粮担数,y_i 为每月卖出的杂粮担数,则线性规划模型为

$\max z = 3.10 y_1 + 3.25 y_2 + 2.95 y_3 - 2.85 x_1 - 3.05 x_2 - 2.90 x_3$

$$\text{s. t.}\begin{cases} \left.\begin{array}{l} y_1 \leqslant 1\,000 \\ y_2 \leqslant 1\,000 - y_1 + x_1 \\ y_3 \leqslant 1\,000 - y_1 + x_1 - y_2 + x_2 \end{array}\right\} \text{存货限制} \\ \left.\begin{array}{l} 1\,000 - y_1 + x_1 \leqslant 5\,000 \\ 1\,000 - y_1 + x_1 - y_2 + x_2 \leqslant 5\,000 \end{array}\right\} \text{库容限制} \\ \left.\begin{array}{l} x_1 \leqslant \dfrac{20\,000 + 3.10 y_1}{2.85} \\ x_2 \leqslant \dfrac{20\,000 + 3.10 y_1 - 2.85 x_1 + 3.25 y_2}{3.05} \\ x_3 \leqslant \dfrac{20\,000 + 3.10 y_1 - 2.85 x_1 + 3.25 y_2 - 3.05 x_2 + 2.95 y_3}{2.90} \end{array}\right\} \text{资金限制} \\ 1\,000 - y_1 + x_1 - y_2 + x_2 - y_3 + x_3 = 2\,000 \quad \text{期末库存} \\ x_1,\ x_2,\ x_3 \geqslant 0,\ y_1,\ y_2,\ y_3 \geqslant 0 \end{cases}$$

第 2 章　线性规划的对偶理论

2.1

(1)
$$\max z = 2y_1 - y_2 + y_3$$
$$\text{s. t.} \begin{cases} 3y_1 + y_2 + y_3 \leqslant 60 \\ y_1 - y_2 + 2y_3 \leqslant 10 \\ y_1 + y_2 - y_3 \leqslant 20 \\ y_1,\ y_2,\ y_3 \geqslant 0 \end{cases}$$

(2)
$$\min z = 10y_1 + 15y_2$$
$$\text{s. t.} \begin{cases} y_1 + 2y_2 \geqslant 1 \\ 3y_1 + 5y_2 \geqslant 3 \\ 4y_1 + 3y_2 \geqslant 2 \\ y_1,\ y_2\ 自由 \end{cases}$$

(3)
$$\max z = 2y_1 + 3y_2 + 5y_3$$
$$\text{s. t.} \begin{cases} 2y_1 + 3y_2 + y_3 = 2 \\ 3y_1 + y_2 + 4y_3 \geqslant 2 \\ 5y_1 + 7y_2 + 6y_3 \leqslant 4 \\ y_1 \geqslant 0,\ y_2 \leqslant 0 \end{cases}$$

(4)
$$\min w = 21y_1 + 18y_2 + 4y_3$$
$$\text{s. t.} \begin{cases} 3y_1 + 2y_2 + y_3 \geqslant 2 \\ 4y_1 + 7y_2 - 2y_3 \leqslant 3 \\ 4y_1 + 3y_2 + 5y_3 = 6 \\ 7y_1 + 8y_2 - 3y_3 \geqslant 1 \\ y_2 \leqslant 0,\ y_3 \geqslant 0 \end{cases}$$

2.2　DLP:
$$\min w = 2y_1 + y_2 + 2y_3$$
$$\text{s. t.} \begin{cases} y_1 + y_2 + 2y_3 \geqslant 1 \\ y_1 - y_2 + y_3 \leqslant 2 \\ -y_1 + y_2 + y_3 = 1 \\ y_1 \geqslant 0,\ y_2\ 自由,\ y_3 \leqslant 0 \end{cases}$$

$\boldsymbol{Y} = (0,\ 1,\ 0)^{\mathrm{T}}$ 是 DLP 的可行解，$w = 1$ 是可行值，由弱对偶定理：$z \leqslant w \leqslant 1$。

2.3　DLP:
$$\min w = 2y_1 + y_2$$
$$\text{s. t.} \begin{cases} -y_1 - 2y_2 \geqslant 1 \\ y_1 + y_2 \geqslant 1 \\ y_1 - y_2 \geqslant 0 \\ y_1,\ y_2 \geqslant 0 \end{cases} \quad ; \quad \text{DLP 无可行解，LP 有可行解，原 LP 有无界解。}$$

2.4
$$\max z = 2y_1 - 3y_2$$
$$\text{s. t.} \begin{cases} y_1 - 2y_2 \leqslant 2 \\ 2y_1 + y_2 \leqslant 3 \\ 3y_1 - y_2 \leqslant 5 \\ y_1 + 3y_2 \leqslant 6 \\ y_1 \leqslant 0,\ y_2 \geqslant 0 \end{cases} \quad ; \quad \boldsymbol{Y}^* = \left(\frac{8}{5},\ -\frac{1}{5} \right)^{\mathrm{T}} ; \quad X = \left(\frac{7}{5},\ 0,\ \frac{1}{5},\ 0,\ 0,\ 0 \right)^{\mathrm{T}} 。$$

2.5

$$\min w = 8y_1 + 6y_2 + 6y_3 + 9y_4$$

(1) DLP: s. t. $\begin{cases} y_1 + 2y_2 + y_4 \geqslant 2 \\ 3y_1 + y_2 + y_3 + y_4 \geqslant 4 \\ y_3 + y_4 \geqslant 1 \\ y_1 + y_3 \geqslant 1 \\ y_i \geqslant 0, \ i = 1, 2, 3, 4 \end{cases}$ 。 (2) $Y = \left(\dfrac{4}{5}, \ \dfrac{1}{5}, \ 1, \ 0, \ 0, \ 0, \ 0, \ \dfrac{4}{5} \right)^{\mathrm{T}}$ 。

2.6 (1) $\boldsymbol{X}^* = (3, 0, 0)^{\mathrm{T}}$, $z^* = 12$。 (2) $\boldsymbol{X}^* = \left(\dfrac{2}{3}, 2 \right)^{\mathrm{T}}$, $z^* = \dfrac{22}{3}$。

2.7 (1) $\boldsymbol{X}^* = (6, 0, 0)^{\mathrm{T}}$, $z^* = 12$。 (2) $\boldsymbol{X}^* = \left(\dfrac{8}{3}, \dfrac{10}{3}, 0 \right)^{\mathrm{T}}$, $z^* = \dfrac{46}{3}$。

2.8 略。

2.9 (1) 以 x_1, x_2, x_3 分别代表甲、乙、丙产品产量，则有 $\boldsymbol{X}^* = (5, 0, 3)^{\mathrm{T}}$，最大获利 $z^* = 35$。

(2) 产品甲的利润变化范围为 $[3, 6]$。

(3) 安排生产丁产品有利，新最优计划为安排生产丁产品 15 件，而 $x_1 = x_2 = x_3 = 0$。

第 3 章 运输问题

3.1 (1) 不变。(2) 不变。(3) 不变。(4) 不确定。

3.2 略。

3.3 表 3.48 最优方案为：$x_{12} = 5$, $x_{13} = 3$, $x_{21} = 6$, $x_{24} = 2$, $x_{33} = 3$, $x_{34} = 1$。
表 3.49 最优方案为：$x_{12} = 3$, $x_{21} = 1$, $x_{22} = 0$, $x_{23} = 2$, $x_{24} = 0$, $x_{34} = 5$。

3.4 最优方案为：$x_{11} = 4$, $x_{14} = 4$, $x_{22} = 1$, $x_{25} = 4$, $x_{32} = 2$, $x_{33} = 5$, $x_{34} = 2$。

3.5 略。

3.6 增加一个假想需求部门丁，最优调拨方案见附表 3，其中将 A 调拨给丁 500 件，表明玩具 A 有 500 件销不出去。

附表 3 最优调拨方案

项目	甲	乙	丙	丁	可供量
A		500		500	1 000
B	1 500	500			2 000
C		500	1 500		2 000
销售量	1 500	1 500	1 500	500	

3.7 这是一个转运问题，先列出产销平衡表与单位运价表（附表 4）。

项目	甲	乙	A	B	C	产量
甲	0	12	10	14	12	195
乙	10	0	15	12	18	180
A	10	15	0	14	11	125
B	14	12	10	0	4	125
C	12	18	8	12	0	125
销量	125	125	160	165	175	

以下可用表上作业法求最优解，此处略。

3.8　略。

第 4 章　动态规划

4.1　（1）最短路径为 Q—A_1—B_1—C_2—T，其长度为 10。

（2）最短路径为 Q—A_2—B_1—C_1—T，其长度为 8。

4.2　（1）最优决策为：第一年将 100 台机器全部生产产品 p_2，第二年把余下的机器继续生产产品 p_2，第三年把余下的所有机器全部生产产品 p_1。三年的总收入为 7 676.25 万元。

（2）最优决策：$x_1 = 0$，$y_1 = 0$；$x_2 = 2$，$y_2 = 0$；$x_3 = 0$，$y_3 = 3$。

最大利润为：$r_1(1, 0) + r_2(2, 0) + r_3(0, 3) = 4 + 4 + 8 = 16 = f_1(3, 3)$。

4.3　（1）设状态变量 s_i 表示第 i 年年初拥有的资金数，则

$$\begin{cases} f_n(s_n) = \max\limits_{y_n = s_n}\{g_i(y_i)\} \\ f_i(s_i) = \max\limits_{0 \leqslant y_i \leqslant s_i}\{g_i(y_i) + f_{i+1}[\alpha(s_i - y_i)]\}, \end{cases} (i = n - 1, \cdots, 2, 1)$$

（2）最优方案有三个。即 $(m_{1j}, m_{2j}, m_{3j}) = (3, 2, 2)$ 或 $(2, 3, 2)$ 或 $(2, 4, 1)$；总收益都是 17 000 万元。

4.4　携带物品总价值最大为 160，最优携带方案是：1 号货物带 2 件，$s_1^* = 5$，$x_1^* = 2$；2 号货物不携带，$s_2^* = 1$，$x_2^* = 0$；3 号货物带 1 件，$s_3^* = 1$，$x_3^* = 1$。

4.5　每月份生产货物数量的最优决策如附表 5 所示。

附表 5　每月份生产货物数量的最优决策

月份	一	二	三	四	五	六
交货量/件	400	0	400	300	300	0

4.6　（1）数学模型为：

$$\min f(X) = 58x_1 + 0.2x_1^2 + 54x_2 + 0.2x_2^2 + 50x_3 + 0.2x_3^2 - 560$$

$$\text{s. t.} \begin{cases} x_1 + x_2 + x_3 = 180 \\ x_1 + x_2 \geqslant 100 \\ x_1 \geqslant 40 \\ x_1, \ x_2, \ x_3 \geqslant 0 \end{cases}$$

最优解为：$x_1^* = 50$，$x_2^* = 60$，$x_3^* = 70$，最小费用 $f(\boldsymbol{X}^*) = 11\,280$。

（2）数学模型为：

$$\max z = p_1 x_1 + p_2 x_2 = (5\,000 - 7p_1)p_1 + (1\,000 - 10p_2)p_2$$

$$\text{s. t.} \begin{cases} 3x_1 + 4x_2 \leqslant 1\,600 \\ 2x_1 + x_2 \leqslant 160 \\ 15x_1 + 2x_2 \leqslant 750 \\ 0.3 \leqslant \dfrac{x_2}{x_1 + x_2} \leqslant 0.6 \\ x_1 = 5\,000 - 7p_1 \\ x_2 = 1\,000 - 10p_2 \\ x_1, \ x_2, \ p_1, \ p_2 \geqslant 0 \end{cases}$$

第5章 存储论

5.1 当订购费为 1 000 元时，$t = \dfrac{\sqrt{15}}{15}$（年），$Q = 10\,000\sqrt{15}$（件），$c = 2\,000\sqrt{15}$（元）；

当订购费为 100 元时，$t = \dfrac{\sqrt{6}}{30}$（年），$Q = 1\,000\sqrt{150}$（件），$c = 200\sqrt{150}$（元）。

5.2 当生产速度为 20 件/月，$t = \dfrac{5\sqrt{3}}{3}$（月），$Q = \dfrac{40\sqrt{3}}{3}$（件），$c = 40\sqrt{3}$（元）；

当生产速度为 40 件/月，$t = \dfrac{5}{2}$（月），$Q = 20$（件），$c = 80$（元）。

5.3 （1）模型一，$t = \dfrac{\sqrt{5}}{60}$（年），$Q = 800\sqrt{5}$（件），$c = 12\,000\sqrt{5}$（元）。

（2）模型三，$t = \dfrac{\sqrt{230}}{120}$（年），$Q = 400\sqrt{23}$（件），$c = 120\,000\dfrac{\sqrt{23}}{23}$（元）。

5.4 属于模型四，$t = \dfrac{9}{2}$（月），$Q = 1\,500$（台），$c = \dfrac{20\,000}{3}$（元）。

5.5 （1）$Q^* = \sqrt{\dfrac{2C_3RP}{C_1(P-R)}} = \sqrt{\dfrac{2 \times 2\,000\,000 \times 10 \times 50}{50 \times (50 - 10)}} = 1\,000$。

（2）每批装配 1 000 台时费用为

$$150\,000 \times 10 + \sqrt{2C_3 C_1 R\left(1 - \frac{R}{P}\right)} = 1\,540\,000(元)$$

当每批装配 2 000 台时的费用为

$$148\,000 \times 10 + C_3 \cdot \frac{R}{Q} + \frac{1}{2}C_1 Q\left(\frac{P - R}{P}\right) = 1\,530\,000(元)$$

故可以接受每批装配 2 000 台的方案。

5.6 本题中 $k = 70$，$h = 40$，$\dfrac{k}{k+h} = \dfrac{70}{110} = 0.636\,36$，由公式

$$\sum_{r=0}^{Q-1} P(r) < \frac{k}{k+h} < \sum_{r=0}^{Q} P(r)$$

求得 $Q = 3$。即应订购 300 本挂历，预期利润 144 元。

5.7 本题中 $K = 800$，$C_1 = 40$，$C_2 = 1\,015$，故有

$$\frac{C_2 - K}{C_1 + C_2} = \frac{1\,015 - 800}{40 + 1\,015} = 0.203\,8$$

又

$$\sum_{r \leqslant 30} P(r) = 0.20, \quad \sum_{r \leqslant 40} P(r) = 0.40$$

应订购 40 件，但减去原有库存，本期初应订购 30 件。

5.8 本题中，$k = 15 - 8 = 7$，$h = 8 - 5 = 3$，故 $\dfrac{k}{k+h} = 0.7$

$$\int_0^Q P(r)\,\mathrm{d}r = \int_0^Q \frac{1}{\sqrt{2\pi}\,\sigma} \mathrm{e}^{-\frac{(r-\mu)^2}{2\sigma^2}}\,\mathrm{d}r = 0.7$$

得 $\dfrac{Q - 150}{25} = 0.525$，故 $Q = 163$。

5.9 先计算临界值 $N = \dfrac{5 - 3}{5 + 1} = 0.333$，因有

$$\int_0^S f(x)\,\mathrm{d}x = \int_5^S \frac{1}{5}\,\mathrm{d}x = \frac{1}{5}(S - 5) = 0.333$$

由此 $S = 6.7$，再利用下面的不等式求 s：

$$Ks + \int_5^s C_1(s - x)f(x)\,\mathrm{d}x + \int_s^{10} C_2(x - s)f(x)\,\mathrm{d}x \leqslant C_3 + KS + \int_5^S C_1(S - x)f(x)\,\mathrm{d}x +$$
$$\int_s^{10} C_2(x - S)f(x)\,\mathrm{d}x$$

将有关数字代入后计算得

$$0.6s^2 - 8s + 21.67 \leqslant 0$$

取等号并解得 $s = 3.78$ 或 9.55。

第 6 章　排队论

6.1　略。

6.2　略。

6.3　(1)0.25。

(2)$L=3$，$L_q=2.25$，$W=1$ 小时，$W_q=45$ 分钟。

(3)3.2 人/小时以上时，徒弟参与理发。

(4)9。

6.4　略。

6.5　略。

6.6　略。

6.7　(1)0.35。(2)1.95。(3)7。

6.8　(1)$p=0.7$，$L=6.01$，$L_q=3.51$，$W=24$ 分钟，$W_q=14$ 分钟。

(2)$L=5$，$L_q=4.17$，$W=60$ 分钟，$W_q=50$ 分钟。

(3)1 个 $M/M/3$ 要优于 3 个 $M/M/1$。

第 7 章　决策论

7.1　略。

7.2　略。

7.3　(1)悲观准则：A_3；乐观准则：A_3；等可能准则：A_3；遗憾准则：A_4；折中准则：A_3。

(2)悲观准则：A_2；乐观准则：A_1；等可能准则：A_1；遗憾准则：A_1；折中准则：A_1 或 A_2。

7.4　(1)应生产 4 000 件。

(2)生产 1 000 件、2 000 件或 3 000 件商品时，各种需求量条件均不亏本，损失的概率为 0，均为最小。

(3)应生产 3 000 件或 2 000 件。

7.5　列出期望值决策表(附表 6)。

附表 6　7.5 题答案

项目	0.02	0.04	0.06	0.08	0.10	期望值
	0.20	0.40	0.25	0.10	0.05	
A_1：零件修整	−300	−300	−300	−300	−300	−300
A_2：零件不修整	−100	−200	−300	−400	−500	−240
最大期望值	−240					

故按期望值法决策，零件不需要修整。

7.6

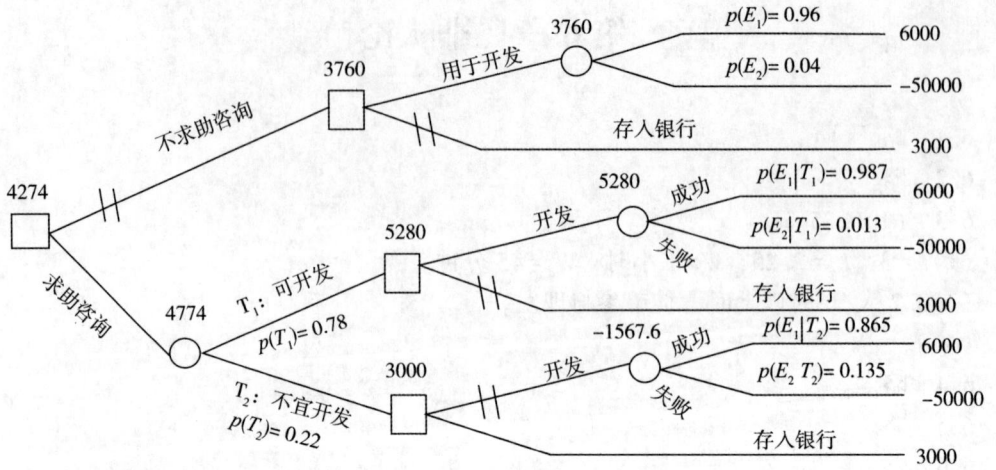

（1）该公司应求助于咨询服务。

（2）如咨询意见可投资开发，可投资于开发事业，如咨询意见不宜投资开发，应将多余资金存入银行。

7.7　签订合同 B。

参 考 文 献

［1］侯福均，吴祈宗. 运筹学与最优化方法［M］. 3 版. 北京：机械工业出版社，2022.

［2］林惠玲. 运筹学基础［M］. 北京：中国建材工业出版社，2016.

［3］王玉梅. 运筹学应用［M］. 北京：经济管理出版社，2022.

［4］朱求长. 运筹学及其应用［M］. 4 版. 武汉：武汉大学出版社，2012.

［5］傅家良. 运筹学方法与模型［M］. 2 版. 上海：复旦大学出版社，2021.